Steve Juru De Cliff
Pierre Claver Harerimana

Extraction de l'huile essentielle de Cananga Odorata

Steve Juru De Cliff
Pierre Claver Harerimana

Extraction de l'huile essentielle de Cananga Odorata

Vers la découverte d'un nouveau chémotype aux perspectives bioéconomiques ?

ScienciaScripts

Imprint

Any brand names and product names mentioned in this book are subject to trademark, brand or patent protection and are trademarks or registered trademarks of their respective holders. The use of brand names, product names, common names, trade names, product descriptions etc. even without a particular marking in this work is in no way to be construed to mean that such names may be regarded as unrestricted in respect of trademark and brand protection legislation and could thus be used by anyone.

Cover image: www.ingimage.com

This book is a translation from the original published under ISBN 978-620-5-51276-0.

Publisher:
Sciencia Scripts
is a trademark of
Dodo Books Indian Ocean Ltd. and OmniScriptum S.R.L Publishing group
Str. Armeneasca 28/1, office 1, Chisinau MD-2012, Republic of Moldova, Europe
Printed at: see last page
ISBN: 978-620-5-38599-9

RÉSUMÉ

Cananga Odorata, de son nom commun "ylang-ylang", est une plante très odorante que l'on trouve de plus en plus dans la plaine de l'IMBO, notamment à Bujumbura, la capitale du Burundi. L'extraction des huiles essentielles des fleurs fraîches de la plante, réalisée par hydrodistillation immédiatement après la cueillette, a donné une huile essentielle dont les indices de qualité sont conformes à ceux des normes internationalement reconnues [1-3].

Avec une densité de 0,940, un indice de réfraction (IR20) de 1,502, un indice d'acide de 0,421, l'huile essentielle extraite des fleurs de ce génotype cultivé à Bujumbura est en parfait accord avec les normes AFNOR. Mais surtout avec son indice d'ester (IE) de 350,6, exceptionnellement très élevé, qui suggère, a priori, l'émergence d'une variété de Cananga odorata aux qualités compétitives par rapport aux deux niches déjà existantes, à savoir la niche Comores-Mayotte, et la niche Madagascar.

L'extraction et le conditionnement des essences de Cananga odorata offrent de nouvelles perspectives bioéconomiques en aromathérapie et en parfumerie, non seulement au Burundi, mais aussi dans les pays qui partagent les mêmes conditions géo-climatiques du Grand Rift africain.

TABLE DES MATIÈRES

ACRONYMES ET ABRÉVIATIONS S

Ce livre étant la traduction d'une version originale publiée en français, certains acronymes et abréviations n'ont pas été traduits :

AFNOR : Association Française de Normalisation
BBT : Bleu de Bromotymol
BRARUDI : Brasserie et limonaderies du Burundi
CRUPHAMET : Centre de Recherche Universitaire en Pharmacopée et Médecine Traditionnelle
GIE : Groupement d'Intérêt Economique
ISABU : Institut des Sciences Agronomiques du Burundi
ISO : International Organization for Standardization (Organisation internationale de normalisation)

INTRODUCTION

De par sa position géographique, ses micro-climats et ses ressources en eau parmi les plus rares au monde, le Burundi bénéficie de plusieurs facteurs de pédogenèse qui expliquent sa flore abondante et diversifiée, particulièrement riche en plantes aromatiques et médicinales susceptibles d'être utilisées dans différents domaines (pharmacie, parfumerie, cosmétique, agroalimentaire) pour leurs propriétés thérapeutiques, organoleptiques et odorantes ou encore pouvant servir de source d'isolats pour l'hémisynthèse.

Ces plantes aromatiques pourraient donc constituer des produits à haute valeur ajoutée (huiles essentielles, extraits, résines, etc.) qui se présentent presque toujours sous forme de mélanges complexes dont il convient d'analyser la composition avant leur éventuelle utilisation. Les techniques analytiques dont dispose aujourd'hui l'expérimentateur permettent, dans la grande majorité des cas, d'effectuer ce travail en routine. Cependant, l'identification de certains constituants est parfois difficile et l'utilisation de plusieurs méthodes analytiques complémentaires est non seulement utile mais nécessaire. Les huiles essentielles, préparées par hydrodistillation de matériel végétal, en sont une bonne illustration.

Les huiles essentielles sont des mélanges complexes constitués de plusieurs dizaines, voire plusieurs centaines de composés, principalement des terpènes. Les terpènes, molécules construites à partir d'entités isopréniques, constituent une famille très diversifiée, tant sur le plan structurel que fonctionnel. Dans les huiles essentielles, on rencontre généralement des mono et sesquiterpènes (ayant respectivement 10 et 15 atomes de carbone) et plus rarement des diterpènes (20 atomes de carbone) ainsi que des composés linéaires non terpéniques et des phénylpropanoïdes.

L'objectif de cet ouvrage est de présenter un travail de recherche préliminaire (HARERIMANA P.C. *et al*, 2012) qui a été réalisé sur une plante que l'on voit de plus en plus dans la plaine de l'IMBO au Burundi, mais dont on ne sait rien ou presque sur l'histoire de son apparition au Burundi, ni sur son utilisation, et donc encore moins sur ses propriétés utiles qui pourraient justifier sa culture à grande échelle. Il s'agit de *Cananga odorata*, plus connue sous son nom exotique d'"*ylang-ylang*".

Au Burundi, l'étude des huiles essentielles n'a jamais été un sujet d'actualité malgré son ancienneté et les développements exponentiels de la biotechnologie végétale ailleurs dans le monde. L'histoire de l'aromathérapie est née avec les progrès de la science, de nouveaux principes actifs et de nouvelles propriétés pharmacologiques qui ont fait des plantes aromatiques et médicinales [5] de véritables médicaments [6]. Le Burundi, de par sa position géographique, bénéficie de plusieurs facteurs de pédogenèse et de grandes variations de microclimats auxquels s'ajoutent les ressources en eau, ce qui lui confère un patrimoine floral d'une grande diversité. Cependant, peu de cultures de plantes à parfum ont fait l'objet d'études scientifiques très approfondies, même à l'Université du Burundi, la plus grande institution d'enseignement supérieur du Burundi. Malheureusement, le Cananga Odorata est un exemple criant d'une espèce qui ne fait pas exception à la règle. Originaire des forêts humides d'Asie du Sud-Est, on ne sait pas encore comment ni quand l'ylang-ylang a été introduit au Burundi, notamment dans la plaine de l'IMBO où il semble bien s'acclimater. Il pourrait avoir été introduit très récemment par des voyageurs par simple curiosité, car nous ne connaissons aucun endroit au Burundi où il est cultivé de manière extensive. En effet, sa culture est pratiquée sporadiquement sur de petites parcelles à Bujumbura par des individus qui semblent beaucoup plus intéressés par son ombre et le parfum de ses fleurs, sans toutefois imaginer que dans d'autres pays comme Madagascar et les Comores, c'est une plante industrielle qui fait vivre des familles entières grâce à l'exportation de ses huiles essentielles. En effet, les substances aromatiques sécrétées par les fleurs de Cananga Odorata recèlent des activités biologiques intéressantes (antimicrobiennes, anti-inflammatoires, hémostatiques et cicatrisantes) [11].

Cette étude part du constat que le marché des huiles essentielles au Burundi est un secteur inexploité et qu'il convient d'initier une filière artisanale et un savoir-faire pour exploiter le riche potentiel végétal du pays. Il s'agit maintenant de le développer pour faire de cette activité une source de revenu supplémentaire et un outil de développement durable. Elle peut également viser le marché de l'industrie des cosmétiques et des détergents, destinée à la fois au marché local, mais surtout à l'exportation. Plusieurs variétés de plantes à parfum non encore exploitées sont préoccupantes. L'une de ces préoccupations concerne l'extraction des essences aromatiques de cette plante ylang-ylang à partir d'une variété de Cananga odorata qui pousse dans la plaine de l'IMBO.

Chapitre 1 : Cadre physique de l'étude et généralités sur la plante ylang-ylang

1.1. Origine de la plante ylang-ylang

1.2. Conditions climatiques dans sa zone de production

1.3. Localisation et contexte géographique

1.4. Possibilité de l'influence géologique du Grand Rift

1.5. Systématique et morphologie de la plante ylang-ylang

1.6. Exigences écologiques de la plante ylang-ylang

1.7. Culture de la plante ylang-ylang

" Situation géographique du Burundi dans la vallée du grand rift africain, berceau d'espèces végétales uniques au monde "

1.1. Origine de la plante ylang-ylang

Cananga odorata (Lam.) Hook.f. & Thomson, communément appelé ylang-ylang, est un arbre originaire des Moluques. Cet archipel situé à l'est de l'Indonésie a attiré les Européens dès le XVIe siècle en raison de son importante production d'épices [4-7]. Aujourd'hui, Cananga odorata est principalement cultivé sur trois sites principaux dans l'océan Indien : l'Union des Comores, Madagascar et Mayotte. Il semble avoir trouvé dans ces endroits des conditions climatiques et pédologiques particulièrement favorables. La variété Cananga odorata macrophylla est également utilisée comme plante ornementale en Polynésie, Micronésie, Mélanésie et autres îles du Pacifique.

Elle est cultivée dans ces pays afin d'obtenir l'huile essentielle d'ylang-ylang par la distillation fractionnée de ses fleurs fraîches et matures. Cette huile, très importante pour l'économie des trois pays producteurs, représente une source de revenus essentielle pour les îles de l'océan Indien [5]. Elle possède une grande richesse olfactive et est destinée à la parfumerie de luxe, à la parfumerie de masse, à la fabrication de cosmétiques, de détergents, de déodorants et de savons [4-10]. Bien qu'elle entre dans la composition de nombreux produits de notre quotidien, l'ylang-ylang est à la fois une plante et une huile essentielle très peu connue. Le plus grand producteur mondial d'huile essentielle d'ylang-ylang est l'Union des Comores [5,6,10].

1.2. Conditions climatiques dans sa zone de production

L'ylang-ylang est une plante très rustique. C'est une espèce pionnière, qui s'adapte à une grande variété de sols, du sable à l'argile. Dans son aire de culture, elle pousse aussi bien sur les sols alluviaux de Madagascar que sur les sols volcaniques des Comores. Il peut pousser sur des sols à texture légère, moyenne et lourde. Il supporte des variations de pH allant de 4,5 à

8,0. Elle exige des sols bien drainés mais tolère les sols détrempés pendant une courte période. Son système racinaire bien développé et pivotant lui permet de se développer sur des sols en pente mais nécessite néanmoins un sous-sol pas trop rocheux [10,20].

La plante ylang-ylang pousse aussi bien dans un climat équatorial que dans un climat subtropical maritime. On la trouve dans les forêts tropicales humides et les forêts semi-sèches. On la trouve à des altitudes allant du niveau de la mer à 800 m et parfois jusqu'à 1 200 m près de l'équateur. Les besoins annuels en eau sont de 1 500 à 2 000 mm, mais l'arbre supporte des précipitations moyennes annuelles allant de 700 à 5 000 mm, bien qu'il tolère de courtes périodes de sécheresse (moins de deux mois) [10,29,30].

L'ylang-ylang préfère les températures élevées, entre 25 et 31 ° C mais ne tolère pas les températures inférieures à 5 ° C. L'ylang-ylang pousse mieux en plein soleil mais tolère l'ombre. Les feuilles et le tronc sont assez fragiles. Cependant, il repousse très vigoureusement après avoir été endommagé par le vent [10,29,30].

De nos jours, il existe d'importantes plantations d'ylang-ylang dans les îles de l'océan Indien, principalement aux Comores, à Madagascar et à Mayotte, mais aussi en Colombie, en Indochine, au Costa Rica, aux Philippines et en Côte d'Ivoire. Le plus grand producteur mondial d'huiles essentielles d'ylang-ylang est l'Union des Comores [5, 6, 10]. Tous ces pays partagent les mêmes conditions pédoclimatiques que celles rencontrées dans la plaine de l'IMBO, qui se situe dans un contexte géographique qui justifie ces caractéristiques pédoclimatiques.

1.3. Localisation et contexte géographique [28]

La plaine de l'IMBO est située au Burundi. Le Burundi est l'un des sept pays membres de la Communauté d'Afrique de l'Est, qui comprend également l'Ouganda, le Kenya, la Tanzanie, le Sud-Soudan, la République démocratique du Congo (RDC) et le Rwanda. Il ne couvre que 27.834 km² dont 25.200 km² terrestres et s'étend entre les méridiens 29° 00' et 30° 54' Est et les parallèles 2° 20' et 4° 28' Sud. Sans accès à la mer, il borde d'autre part le lac Tanganyika (32.600 km² dont 2.634 km² appartiennent au Burundi), dans l'axe du Grand Rift Occidental. Le lac et la rivière Rusizi bordent le Burundi à l'Ouest, la rivière Malagarazi au Sud-Est.

Les frontières ouest et sud-est (11 817 km²) appartiennent au bassin du Congo, le reste du pays (13 218 km²) constitue l'extrémité sud du bassin du Nil. Les pays voisins sont la République démocratique du Congo à l'ouest, le Rwanda au nord et la Tanzanie à l'est et au sud.

Le dessin topographique du Burundi s'accompagne de la variation du climat à différentes altitudes, ce qui confère au pays une importante diversité géoclimatique.

En effet, les altitudes supérieures à 2000 m, matérialisées par la dorsale Congo-Nil, sont plus arrosées avec des précipitations moyennes comprises entre 1400 mm et 1600 mm et des températures moyennes annuelles oscillant autour de 15 °C avec des minima atteignant parfois 0 °C. Ces conditions climatiques (fortes précipitations et basses températures) font de cet environnement situé au milieu des zones de montagnes tropicales, un lieu privilégié pour la formation des forêts tropicales.

Les altitudes moyennes rassemblées sous le terme unique de "plateau central", et oscillant entre 1500 et 2000 m, reçoivent environ 1200 mm de précipitations annuelles pour 18 à 20 °C de températures moyennes annuelles.

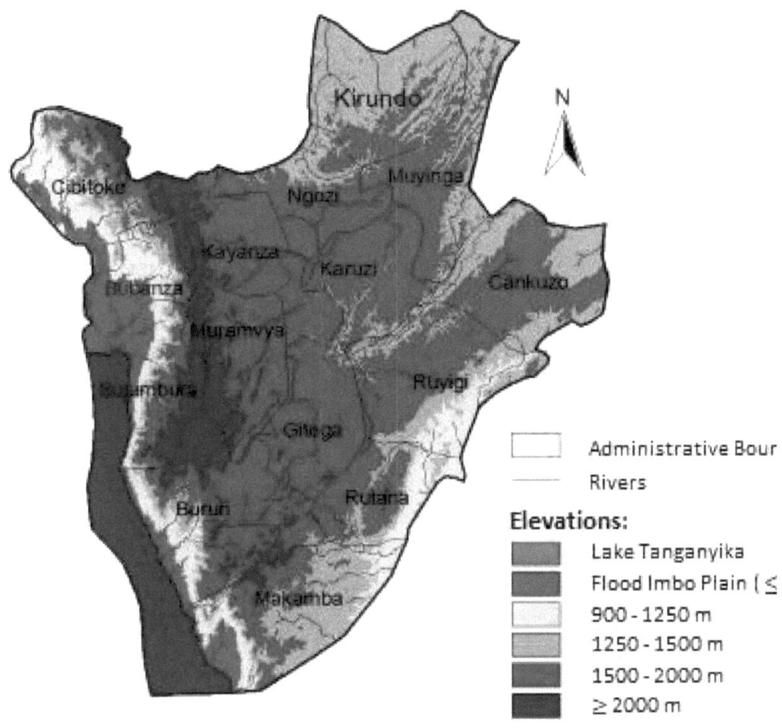

Figure 1 : Carte des régions éco-climatiques du Burundi, y compris la plaine inondable de l'IMBO.

Les altitudes inférieures à 1400 m représentées par la plaine de l'IMBO (inférieure à 1250 m) et les dépressions du Kumoso et du Bugesera ont des précipitations annuelles moyennes inférieures à 1200 mm et même souvent inférieures à 1000 mm comme à l'IMBO, avec des minima d'environ 500 mm. Les températures moyennes annuelles tournent autour de 20 °C.

Le relief du Burundi est très varié. Ce pays est subdivisé en 5 régions éco-climatiques (Fig. 1). D'ouest en est, on peut distinguer : les basses terres de l'IMBO correspondant à un fossé d'effondrement de la vallée du Rift occidental, la région escarpée de Mumirwa, la zone montagneuse avec la dorsale Congo-Nil, les plateaux centraux, les dépressions du Kumoso et du Bugesera. L'altitude varie entre 774 m sur les rives du lac Tanganyika et 2.670 m sur les chaînes de montagnes, diminuant progressivement jusqu'à 1.200 m dans l'est du pays.

Les basses terres de l'IMBO s'étendent jusqu'à la limite occidentale du Burundi, formant une série de plaines de largeur variable de la Tanzanie au sud, au Rwanda au nord. Les basses terres sont formées par la plaine de la Rusizi et les plaines riveraines du lac Tanganyika. L'altitude est comprise entre 774 m, niveau du lac Tanganyika et 1000 m au début des escarpements côtiers.

La plaine de la Rusizi est subdivisée en deux parties : la plaine de la Rusizi inférieure au sud, et la plaine de la Rusizi moyenne au nord. Les plaines riveraines du lac Tanganyika se développent au sud de la basse Rusizi. La topographie générale est dominée par une alternance de petites plaines sédimentaires de largeur variable (0 à 20 km) adossées à des hauts reliefs. Lorsque ces derniers sont suffisamment éloignés, des plaines plus ou moins étendues se forment. La première est celle de Nyanza-Lac, drainée par la rivière Rwaba et ayant une largeur de 16 km. La seconde est celle de Rumonge. Elle est deux fois moins large que la précédente mais est plus longue, elle s'étend de la rivière Nyengwe au sud jusqu'au nord de la rivière Dama. La troisième est située au sud de Bujumbura. Sa partie la plus large est occupée par le site de la capitale.

La plaine de l'IMBO correspond à la région naturelle de l'IMBO et occupe 7% de la superficie du pays. Dans la plaine de l'IMBO, les sols sont établis sur des sédiments lacustres ou des alluvions fluviales, comme ceux de Madagscar. Ils varient en fonction de leur substrat ou de leur position géographique. On distingue les formations sableuses, les terrains salés qui dominent les interfluves et les vertisols des dépressions mal drainées. Les vertisols sont le résultat de dépôts alluviaux. La couleur noire des vertisols (d'où leur nom d'argiles noires tropicales) provient de l'association entre les argiles et la matière organique. Ils ont donc une composition importante en matière organique. Ce sont des sols qui craquent et se fissurent sous la chaleur pendant la saison sèche et qui s'engorgent et gonflent très vite en saison des pluies.

1.4. Possibilité de l'influence géologique du Grand Rift

La vallée du grand rift (ou vallée du rift africain, ou encore grand rift est-africain) est une caractéristique géologique majeure, qui s'étend du sud de la mer Rouge (au nord) au Zambèze (au sud) sur plus de 6 000 km de long, 40 à 60 km de large et quelques centaines à quelques milliers de mètres de profondeur. Le grand rift est-africain coupe la Corne de l'Afrique en deux : la plaque tectonique nubienne, à l'ouest, s'éloigne de la plaque somalienne, à l'est, avant de se diviser, au sud, de part et d'autre de l'Ouganda. Le rift occidental englobe les monts Virunga et Ruwenzori, ainsi que plusieurs des grands lacs africains, où l'eau a rempli la profonde faille du rift.

La vallée du Grand Rift est également surnommée le "*berceau de l'humanité*" car de nombreux fossiles d'hominidés et de très anciens vestiges archéologiques y ont été découverts. Cela s'explique par le fait que cette vallée réunit toutes les conditions nécessaires à la création et à la conservation des fossiles. On y trouve actuellement une variété de plantes que l'on ne trouve nulle part ailleurs dans le monde. Il ne serait donc pas étonnant que ce berceau de l'humanité soit aussi le berceau de chémotypes rares aux propriétés exceptionnelles, comme peut-être l'huile essentielle d'ylang-ylang de la plaine d'Imbo.

1.5. Systématique et morphologie de la plante ylang-ylang

L'ylang-ylang (Cananga odorata), ou ilang-ilang, est un arbre de la famille des Annonaceae. La famille des Annonacées ou Annonaceae est une famille de plantes primitives dicotylédones qui comprend deux mille espèces réparties en une centaine de genres. Ce sont des arbres, des arbustes ou des lianes des régions tropicales ou subtropicales. C'est la famille de l'ylang-ylang (*Cananga odorata*), certaines espèces produisent des fruits comestibles comme *Annona muricata* (corossol), *Annona reticulata* (cœur de bœuf), *Annona squamosa* (pomme-cannelle), etc.

Originaire d'Asie du Sud-Est, l'ylang-ylang est cultivé pour ses fleurs, dont on distille une huile essentielle largement utilisée en parfumerie [2]. Ylang - ylang est un mot malais qui signifie "fleur des fleurs" ou "reine des fleurs" [3].

Sa systématique est la suivante :

Règle :	Plantae
Sous-ordre :	Tracheobionta
Division :	Magnoliophyta
Classe :	Magnoliopsida
Sous-classe :	Magnoliidae
Ordre :	Magnoliales
Famille :	Annonaceae
Genre :	Cananga
Nom binomial :	[Cananga odorata (Lam.) Hook.f. & Thomson, 1855].

<u>Source</u> *:*   *Benini et al, 2010.*

Il existe deux formes de C. odorata : la forme genuina et la forme macrophylla, et une variété ('fruticosa') [4,5,10,15,16]. La forme macrophylla se distingue de la forme genuina par des branches au port retombant. Elles sont perpendiculaires au tronc dans le cas de genuina et fruticosa. Chez macrophylla, la taille des fleurs et des feuilles est plus importante. D'ailleurs, ces deux arbres ne sont pas cultivés dans les mêmes régions. Fruticosa est une variété naine. Elle se caractérise par un petit arbre portant de nombreuses petites fleurs [3,4,6,10,15,16].

La forme de Cananga odorata dont il est question dans cette étude est la forme genuina. La figure 2 montre l'une des ylang-languettes qui a fourni les fleurs utilisées pour l'extraction des huiles essentielles de cette étude.

1.5.1. *L'arbre*

L'ylang ylang est un grand arbre aux branches noueuses et à la croissance très rapide. Il pousse de 2 à 5 mètres par an pendant les premières années (4). Il peut atteindre des hauteurs de 15 à 25 mètres. Mais pour faciliter la récolte des fleurs par les cueilleurs, il est coupé à deux mètres de hauteur (figure 2) (Guenther, 1952). Il possède une écorce épaisse et lisse, de couleur blanc grisâtre à argentée. L'ylang-ylang possède deux types de racines : une racine pivotante pour recueillir l'eau et des racines rampantes qui fournissent une nourriture organique à la plante (Ben Mohadji, 2004).

Figure 2 : Un des arbres d'ylang-ylang qui a fourni les fleurs pour extraire l'huile essentielle pour cette étude[1] (DE CLIFF S AND HARERIMANA P.C, 2012)

1.5.2. *Feuilles, fleurs et fruits*

Les feuilles de l'ylang-ylang sont vert foncé, simples, alternes et persistantes. Le pétiole est assez court (1 à 2 cm) et le limbe, de 15 à 25 cm de long et 6 à 10 cm de large, se termine en pointe et présente une nervure principale jaunâtre sur laquelle alternent des nervures secondaires obliques, dépassant en dessous de la feuille. La feuille est en forme de gouttière et est plus verte et plus brillante sur la face supérieure (Figure 3) (Brulé et Pecout, 1995).

---

[1] Un des trois arbres ylang-ylang situés aux Galeries ELITE, 83 Chaussée Prince Louis RWAGASORE. En deux ans, ils ont déjà atteint plus de trois mètres de hauteur.

Six à douze fleurs sont réunies dans une inflorescence cymeuse de type helicoïdal. Chacune d'entre elles se caractérise par la présence de 3 petits sépales verts, épais et de forme semi-ovale, et de 6 pétales, disposés en deux verticilles de 3 pétales chacun, longs et lancéolés, l'un intérieur et l'autre extérieur. Les pétales intérieurs ont une tache rouge sur la partie interne de leur base et sont plus grands que les pétales extérieurs. On rencontre parfois des fleurs dont la corolle ne comporte que 4 ou 5 pétales, les autres ayant avorté. Au stade juvénile, la fleur est verte et velue avec des nervures longitudinales. Les pétales peuvent atteindre 4 à 8 centimètres de long. Lorsque le bouton floral s'ouvre, la fleur encore très petite n'a pas d'odeur, puis les poches d'huile deviennent de plus en plus grandes et leur nombre de plus en plus important (Brulé et Pecout, 1995).

Au bout de quinze à vingt jours, la fleur, après être passée par le jaune pâle, devient nettement jaune et dégage une odeur puissante. La tache rouge, située au cœur de la fleur, est alors très marquée (figure 3). C'est le moment de la cueillette, lorsque les fleurs contiennent le plus d'huile et que la qualité de l'huile est la meilleure. Les fleurs se succèdent continuellement sur l'arbre tout au long de l'année, mais toutes ne poussent pas en même temps (Guenther, 1952).

Figure 3 : (a) feuille d'ylang-ylang (à gauche) ; (b) fleur d'ylang-ylang mature (à droite).

(c) Fruit d'ylang-ylang immature (à gauche) ; (d) Fruit d'ylang-ylang
mature (à droite).

Le fruit consiste en une baie oblongue en forme de poire de 4 centimètres de
long et contient 6 à 12 petites graines de couleur brun foncé à maturité
(Figure 4b). Il est de couleur verte à bleu très foncé (Figure 4a) (Guenther,
1952).

1.6. Exigences écologiques de la plante ylang-ylang

L'ylang-ylang est un arbre très rustique. C'est une espèce pionnière qui
s'adapte à une large gamme de sols, du sable à l'argile. (Brulé et Pecout,
1995). Il peut pousser sur des sols à texture légère, moyenne et lourde. Il
supporte des variations de pH allant de 4,5 à 8,0. Elle exige des sols bien
drainés mais tolère les sols détrempés pendant une courte période. Son
système racinaire bien développé lui permet de pousser sur des sols à forte
pente. C'est donc un arbre intéressant pour le contrôle de l'érosion (Manner
et Elevitch, 2006).

La plante ylang-ylang pousse aussi bien dans un climat équatorial que dans
un climat subtropical maritime. Elle est une composante des forêts tropicales
humides et des forêts semi-sèches. On la trouve à des altitudes variant de 1
à 800 mètres et parfois jusqu'à 1200 mètres près de l'équateur. Cependant,
au-delà de 600 mètres, les rendements sont économiquement insignifiants.
Les zones de production idéales s'étendent de 5 à 300 mètres au-dessus du
niveau de la mer. La culture de l'ylang-ylang est sensible aux fortes pluies,
qui provoquent la chute des fleurs. Les besoins annuels en eau sont de 1 500
à 2 000 millimètres, mais l'arbre supporte des précipitations moyennes
annuelles allant de 700 à 5 000 millimètres (Manner et Elevitch, 2006).

C'est une plante de basse altitude qui pousse très bien dans les zones bien arrosées avec une saison sèche inférieure ou égale à 5 mois. L'ylang-ylang préfère les températures élevées, entre 25 et 31°C (Ben Mohadji, 2004). Il ne supporte pas les températures inférieures à 5°C. L'ylang-ylang pousse mieux en plein soleil mais tolère l'ombre. On le trouve parfois en agroforesterie. Les feuilles de l'ylang-ylang et son tronc sont fragiles. Cependant, l'arbre repousse vigoureusement même après avoir été endommagé par le vent. (Manner et Elevitch, 2006). La plaine de l'IMBO réunit toutes ces conditions climatiques.

1.7. Culture de la plante ylang-ylang

L'ylang-ylang est un arbre facile à vivre, sans exigences particulières en matière de sol, d'irrigation ou d'engrais, et très résistant aux maladies (6). L'ylang-ylang se transmet principalement par les graines. Il est alors conseillé de faire tremper les graines pendant 24 heures dans de l'eau chaude, puis de les semer dans un substrat composé de terreau. Maintenez le substrat humide pour éviter les moisissures. La germination se produit entre deux et trois semaines (7).

Il est difficile pour le bouturage car il présente une faible capacité végétative (Association des Naturalistes de Mayotte, 2006). La pratique du provignage est très rare. Les graines sont en dormance pendant 25 à 60 jours selon la période de l'année. Celles qui sont âgées de 6 à 12 mois ont les meilleures chances de germer. Le semis se fait théoriquement en pépinière sur un sol moyennement riche, bien arrosé et pas trop ensoleillé. L'arbuste est planté en pleine terre lorsqu'il atteint 20 à 30 cm de hauteur. La première année, il est planté en culture intercalaire pour bénéficier de son ombre (8).

Les travaux d'entretien consistent à empêcher l'envahissement des plantations par la végétation secondaire (désherbage au pied des arbres) et à maintenir l'étalement (port parasol) et la faible hauteur de l'arbre. Ces travaux d'entretien sont répétés 3 à 4 fois par an (Laffaire, 2008).

Le premier étêtage se fait à l'âge de deux ans et demi ou trois ans. Lorsque l'arbre atteint deux à trois mètres de hauteur, on enlève la cime de l'arbre. L'arbre grandit alors en largeur et non en hauteur car sous l'effet de l'arrivée de la sève, les branches s'alourdissent et tombent à portée de main.

L'élagage consiste à sélectionner les branches tombantes et à supprimer les drageons. Elle est effectuée trois fois par an afin de faciliter le travail des cueilleurs (8). Un arbre d'ylang-ylang commence à produire après deux ans et est en pleine production à 5 ans (3) et la production peut durer 25 à 30 ans (8).

Chapitre 2 : Aperçu des essences et de l'extraction des huiles essentielles

2.1. Notion d'essence et d'huile essentielle

2.2. Localisation de l'huile essentielle dans les plantes

2.3. Constituants chimiques de l'huile essentielle d'ylang-ylang

2.4. Description olfactive des principaux constituants aromatiques

2.5. Méthodes d'extraction des huiles essentielles

2.6. Autres méthodes d'obtention d'extraits volatils

2.7. Dispositifs pour l'extraction d'essences

2.8. Identification et analyses chromatographiques

2.9. Principes de détermination des indices de qualité

2.10. Conditions de conservation et de stockage

" L'odeur du parfum d'ylang-ylang est unique, sans artifice, sans retenue, hypnotique, colorée, solaire et exotique. Elle vous transporte dans une

nature luxuriante et enivrante qui vous fait rêver de vacances sous les tropiques. "

"

2.1. Notion d'essence et d'huile essentielle

Les huiles essentielles, communément appelées "essences", constituent l'ensemble des substances odorantes volatiles présentes dans les plantes, leur volatilité les opposant aux huiles fixes qui sont des lipides. Ces huiles essentielles sont des mélanges de constituants plus ou moins complexes, et se présentent généralement sous forme liquide. Cependant, certains mélanges se trouvent sous forme solide, par exemple les stéaroptènes ou le camphre de l'huile essentielle du camphrier. Les huiles essentielles sont donc généralement des liquides incolores à l'exception de la cannelle qui est de couleur jaune ou rougeâtre, de la camomille qui est bleue ou de l'absinthe verte. Ce sont des compositions au goût puissant, très inflammables, odorantes, solubles dans l'alcool et l'éther et insolubles dans l'eau, à laquelle elles communiquent néanmoins leur odeur.

La définition de l'AFNOR précise qu'il s'agit de produits obtenus soit à partir de matières premières naturelles par entraînement à la vapeur, soit à partir de l'épicarpe des agrumes par des procédés mécaniques qui sont séparés de la phase aqueuse par des méthodes physiques, soit enfin par distillation sèche. Cette définition correspond également à celle de la pharmacopée. Cependant, elle est restrictive et pour l'industrie cosmétique, les huiles essentielles peuvent être obtenues par extraction à l'aide d'un solvant ou par tout autre procédé (gaz sous pression notamment). On obtient ainsi des concrètes, des résinoïdes, des absolues (Martini et Seiller, 2006).

Les essences ne doivent pas être confondues avec les huiles essentielles, bien qu'il soit souvent d'usage de remplacer l'une par l'autre. Les essences sont des substances aromatiques naturelles sécrétées par la plante. Pour les agrumes, l'essence est principalement extraite par l'expression du zeste. On devrait dire "essence de citron" et non "huile essentielle de citron". Lors de sa transformation par distillation, l'essence subit une modification biochimique et devient une huile essentielle. L'huile essentielle est donc l'essence de la plante distillée (10).

Les huiles essentielles doivent leur nom au fait qu'elles sont très réfringentes, hydrophobes et lipophiles. Elles sont très peu ou pas du tout solubles dans l'eau. On les trouve dans le protoplasme sous forme d'émulsion plus ou moins stable qui a tendance à se rassembler en grosses gouttelettes. Par contre, ils sont solubles dans les solvants lipidiques (acétone, disulfure de carbone, chloroforme, etc.) et, contrairement aux glycérides, dans l'alcool. Mais ces caractéristiques de solubilité sont limitées par leur ressemblance avec les huiles grasses (Benayad, 2008).

Contrairement à ce que le terme pourrait laisser croire, les huiles essentielles ne contiennent pas de corps gras comme les huiles végétales obtenues avec des presses (huile de tournesol, de maïs, d'amande douce, etc.) (Laffaire, 2008). C'est la sécrétion naturelle produite par la plante et contenue dans les cellules de la plante, soit dans les fleurs (ylang-ylang, bergamote, rose), soit dans les sommités fleuries (souci, lavande), soit dans les feuilles. (citronnelle, eucalyptus), soit dans l'écorce (cannelle), soit dans les racines (vétiver), soit dans les fruits (vanille), soit dans les graines (noix de muscade) ou même ailleurs dans la plante. Le terme "huile" s'explique par la propriété de ces composés de se dissoudre dans les graisses et par leur caractère hydrophobe. Le terme "essentiel" fait référence au parfum, à l'odeur plus ou moins forte dégagée par la plante.

Si les huiles essentielles forment une tache transparente sur le papier, elle disparaît rapidement car les essences végétales sont très volatiles (contrairement aux résines qui, généralement dissoutes dans les essences, laissent un résidu visqueux ou solide après évaporation des essences). Grâce à cette propriété, les essences végétales se diffusent rapidement à travers la peau, même à travers les cuticules épaisses, et se répandent dans l'atmosphère. Ce caractère, associé à la propriété qu'ont la plupart des essences végétales de posséder une odeur très prononcée, et souvent agréable, les rend responsables de l'odeur caractéristique de nombreuses plantes odorantes (Binet et Brunel 1967).

2.2. Localisation de l'huile essentielle dans les plantes

Les huiles essentielles sont présentes dans tout le règne végétal. Cependant, elles sont particulièrement abondantes dans une cinquantaine de familles botaniques. Outre la famille des Annonaceae ou Annonacées, dont fait partie l'ylang-ylang (Cananga odorata), les autres familles connues pour être des sources importantes d'huile essentielle sont les suivantes :

- La famille des Apiaceae, également appelée Umbelliferae (Umbelliferae, nom alternatif), est une famille de plantes dicotylédones. Selon Watson & Dallwitz, elle comprend près de 3 000 espèces réparties en 420 genres et se trouve principalement dans les régions tempérées du monde. C'est une famille relativement homogène, caractérisée notamment par son inflorescence typique, l'ombelle. Une seule espèce a une importance économique significative : la carotte. Beaucoup fournissent des condiments populaires, certaines sont toxiques comme la ciguë.

- La division ou branche des pinophytes (ou conifères), autrefois connue sous le nom de coniférophytes ou Coniferophyta, ne comprend qu'une seule classe : celle des Pinopsida. Ce sont des plantes vasculaires à graines coniques qui sont apparues sur Terre il y a 150 millions d'années, bien avant les arbres à feuilles caduques. Tous les conifères existants sont des plantes ligneuses, dont la grande majorité sont des arbres, les autres étant des arbustes. Les conifères les plus courants sont le cèdre, le cyprès, le douglas, le genévrier, l'agathis, le mélèze, le pin, le séquoia, l'épicéa et l'if.

- La famille des Cupressaceae, également appelée Cupressineae, est une famille de plantes gymnospermes. Le contenu de cette famille a beaucoup changé entre la classification classique et la classification phylogénétique.

- Les Lamiaceae ou Labiatae (Lamiaceae, Labiaceae ou Labiaceae) sont une importante famille de plantes dicotylédones qui comprend environ 6 000 espèces et près de 210 genres. La famille des Dicrastylidiaceae (également appelée Chloanthaceae) y est intégrée par la classification phylogénétique. Il s'agit de 11 genres d'arbustes des régions tropicales d'Afrique de l'Est, de Madagascar, des Mascareignes, d'Australie et des îles du Pacifique. Certains genres de la famille des Verbenaceae sont maintenant inclus.

- La famille des Lauraceae est une famille de plantes angiospermes de divergence ancienne, qui comprend plus de 2000 espèces réparties en une cinquantaine de genres. Il s'agit d'arbres ou d'arbustes aux feuilles presque toujours vertes.

- La famille des Myrtaceae est une famille de plantes dicotylédones qui comprend trois mille espèces réparties en environ 48 à 134 genres. Ce sont des arbres et des arbustes, souvent producteurs d'huiles aromatiques, des zones tempérées, subtropicales à tropicales, poussant principalement en Australie et en Amérique tropicale. Dans cette famille on peut citer les genres Eucalyptus.

- La famille des Pipéracées est une famille de plantes dicotylédones de divergence ancienne. Ce sont des arbustes, des lianes ou des petits arbres des régions tropicales. On peut citer le genre Piper avec Piper nigrum le poivrier qui produit du poivre noir (en fait noir, blanc ou vert selon le stade de maturation de la baie).

- La famille des Rutaceae est une famille de l'ordre des Sapindales. Elle comprend 900 espèces réparties en 150 genres. Aujourd'hui la famille est plus importante (160 genres). Ce sont des arbres, des arbustes ou plus rarement des plantes herbacées des régions tempérées à tropicales, producteurs d'huiles essentielles. Les agrumes (comme l'orange, le citron, etc.) appartiennent à cette famille.

- La famille des Zingiberaceae est une famille de plantes monocotylédones qui comprend 700 espèces réparties en une cinquantaine de genres. Ce sont des plantes herbacées vivaces, produisant des huiles essentielles, originaires des régions tropicales. Dans cette famille, plusieurs espèces sont utilisées comme épices, notamment : le gingembre, le curcuma, la cardamome, le galanga, le poivre de Guinée, le zédo, etc.

Une plante peut donner plusieurs huiles essentielles. L'orange par exemple donne trois huiles essentielles : la fleur donne le néroli utilisé intensivement en eau de Cologne, la feuille donne le Petit Grain utilisé en création rafraîchissante, et le zeste donne l'essence utilisée dans les notes de tête fraîches (Smadja, 2009).

Nous pouvons nous poser la question de savoir où se trouvent les huiles essentielles dans les plantes. Toutes les parties des plantes aromatiques, tous leurs organes végétaux, peuvent contenir de l'huile essentielle (Hurtel, 2006). Le tableau suivant illustre cette diversité.

Tableau 1 : Quelques plantes à huile essentielle et la partie de la plante où elle est extraite.

Partie utilisée de la plante	Plante
Fleurs	Rose, Jasmin, Mimosa, Fleurs d'oranger, Tubéreuse, Camomille, Ylang-ylang, Clou de girofle, Hélichryse, ...

Fruits	Gousse de vanille, noix de muscade, baies de genièvre, paprika, clou de girofle, fève tonka, fenouil, anis, épicarpe d'agrumes.
Feuilles, partie herbacée	Géranium rosat, Laurier, Patchouli, Menthe, Violette, Oranger, Eucalyptus, Thym, Sarriette, Sauge
Les sommets fleuris	Lavande, Lavandin, Basilic, Romarin, Thym, Sauge, Estragon
Bourgeon, boutons de fleurs	Cassis
Graines	Poivre, Cardamome, Café, Persil, Aneth, Cumin, Céleri, Carvi, Carotte, Coriandre, Noix de muscade
Racines et rhizomes	Iris, vétiver, gingembre, angélique, nard.
Bois et écorces	Cannelle, bois de santal, bois de rose, cèdre.
Épines et brindilles	Sapin, pin, cyprès, épicéa
Ecorces de fruits	Orange, citron, bergamote
Résines	Encens, myrrhe, pin
Plante entière	Estragon, Basilic

Source : Martini et Seiller, 2006 ; Hurtel , 2006. Traduit du français.

2.3. Constituants chimiques de l'huile essentielle d'ylang-ylang

L'huile essentielle d'ylang-ylang est un liquide jaune, à l'odeur douce, composé de sesquiterpènes, d'alcools, d'esters, de phénols et d'aldéhydes. Elle contient un tiers de benzoate de méthyle, un liquide à l'odeur puissante, avec des arômes d'œillet que l'on retrouve également dans les huiles extraites de cette dernière fleur.

Tableau 2 : Composition chimique de la deuxième fraction de l'huile d'ylang-ylang (Hongratanaworakit *et al*, 2004).

Constituants	Pourcentage
Benzoate de méthyle	34,00
4-méthylanisole	19,82

Benzyl benzoate	18,97
Isokaryphyllène	9,28
Germacrène D	8,15
α-farnésène	2,73
Acétate de linalyle	2,11
α-caryophyllène	2,04

L'essence d'ylang-ylang, également appelée huile de Cananga, dégage un parfum à la fois floral, épicé, exotique, puissant, camphré, médicamenteux et légèrement fruité.

L'odeur de l'huile essentielle d'ylang-ylang est exotique : fleurie et très chaude. Sa couleur est jaune pâle et sa texture, sirupeuse.

2.4. Description olfactive des principaux constituants aromatiques

Les principaux constituants de l'huile essentielle d'ylang-ylang révèlent la grande richesse en différentes classes de constituants chimiques. Pour les principales molécules, une description olfactive est donnée afin de mieux comprendre l'origine de l'odeur spécifique de l'ylang-ylang (Dumortier, 2006, Valade, 2010).

2.4.1. Esters

Les esters sont des éléments odoriférants importants (constituant l'odeur naturelle de nombreux fruits) très appréciés en parfumerie. Les trois premières catégories d'essences d'ylang ("notes de tête") sont les plus fines et les plus douces grâce à leur teneur élevée en esters. L'essence Extra S contient 60-65% d'ester tandis que l'essence III n'en contient que 15-20%. L'acétate de benzyle, (l'un des constituants les plus importants des catégories Extra S et Extra high), associé au géranyl, apporte des notes floralesjasminées. Le benzoate de méthyle, le constituant majeur des fractions I et II, donne au corps des notes fruitées/fleuries (rappelant l'œillet).

2.4.2. *Hydrocarbures terpéniques et sesquiterpéniques*

Constituants largement présents (jusqu'à 40%) qui créent la base des notes chaudes sur laquelle les autres molécules sont "accrochées". Les sesquiterpènes, comme le germacrène et le farnésène, qui confèrent des notes boisées et florales vertes, sont plus abondants dans les dernières fractions (troisième essence). Le caryophyllène et le cadinène donnent des notes poivrées et épicées.

2.4.3. *Alcools*

Principalement le linalol (en forte proportion dans les Extra S et Extra) qui donne les notes citronnées fraîches et florales (comme la coriandre et le basilic). Le géraniol, le farnésol, l'eugénol et le nérol sont également présents, en plus petites proportions, parfois à l'état de traces.

2.4.4. *Éthers*

En particulier, l'éther méthyl para-crésylique qui confère l'odeur légèrement médicamenteuse, diffuse et pénétrante des catégories supérieures Extra S et Extra.

2.4.5. *Aldéhydes*

Constituants qui confèrent un important pouvoir de diffusion (irremplaçable en parfumerie). Le benzaldéhyde donne un caractère essentiellement fruité ; les autres aldéhydes contribuent à donner à l'odeur spécifique de l'ylang-ylang son intensité.

2.4.6. *Phénols*

Présent en petites quantités mais dans toutes les catégories, en particulier le P-crésol, l'eugénol et l'isogénol qui contribuent aux caractéristiques des notes épicées et balsamiques.

La composition de l'ylang-ylang est relativement simple dans ses constituants majeurs et cela a contribué au développement de nombreuses recherches pour la reproduire par synthèse mais le résultat reste sans comparaison possible avec l'extrême richesse de l'odeur de l'ylang-ylang naturel, largement due à la présence de nombreux sesquiterpènes. Cette particularité chimique explique en partie pourquoi les synthèses d'ylang ont été jusqu'à présent peu compétitives, tant d'un point de vue économique que qualitatif, par rapport à l'huile essentielle naturelle.

2.5. Méthodes d'extraction des huiles essentielles

Il existe plusieurs méthodes d'extraction des huiles essentielles. Les principales sont basées sur l'entraînement de la vapeur, l'expression, la solubilité et la volatilité. Le choix de la méthode la plus appropriée se fait en fonction de la nature du matériel végétal à traiter, des caractéristiques physico-chimiques de l'essence à extraire, de l'utilisation de l'extrait et de l'arôme de départ au cours de l'extraction (Samate, 2001).

L'huile essentielle d'ylang-ylang est obtenue par distillation des fleurs fraîches de Cananga odorata (Lamarck) J.D. Hooker et de la variété Thomson genuina (AFNOR, 2000a). La particularité de cette huile est qu'elle n'est génèralement pas recueillie en tant qu'huile essentielle complète, mais en cinq fractions successives lors de sa distillation. Ce sont ces cinq fractions, appelées respectivement "Extra supérieur" (ES), "Extra" (E), "Première" (I), "Deuxième" (II) et "Troisième" (III) qui sont habituellement commercialisées (Guenther, 1952). Le mélange de ces différentes fractions donne ce que l'on appelle "l'huile essentielle complète" (13).

Le rendement en huile varie en fonction de la saison et de la durée de la distillation. Dans les conditions normales, il est de l'ordre de 2 à 2,25 %. C'est-à-dire que pour 100 kg de fleurs fraîches, on obtient 2 à 2,25 kg d'huile, toutes catégories confondues (Guenther, 1952). L'extraction des huiles essentielles d'ylang-ylang fait appel à l'une ou l'autre des méthodes suivantes.

2.5.1. *Entraînement de la vapeur*

Sur un système de deux liquides totalement immiscibles, la pression de vapeur est la somme des pressions de vapeur des deux composants purs. Chaque liquide émet sa propre pression de vapeur. La pression de vapeur est donc indépendante des compositions globales, des quantités des composants présents et la composition de la phase vapeur est telle que :

$$\frac{P_A}{P_B} = \frac{P_A^\circ}{P_B^\circ} = \text{constant}$$

et

$$P = P_A^\circ + P_B^\circ$$

Un tel système entre en ébullition lorsque la pression totale P de la vapeur atteint la pression atmosphérique et donc une température inférieure au point d'ébullition de chacun des deux constituants purs. La température d'ébullition reste constante jusqu'à ce que l'un des deux constituants soit épuisé. Cette technique de "co-distillation" permet d'abaisser la température de distillation d'un composé thermosensible à son point d'ébullition normal. Après la distillation, les deux composés sont facilement séparables puisqu'ils sont immiscibles. Cependant, la plupart des composés volatils contenus dans les plantes peuvent être entraînés par la vapeur d'eau, en raison de leur point d'ébullition relativement bas et de leur caractère hydrophobe. C'est le cas des huiles essentielles. Sous l'action de la vapeur d'eau introduite ou formée dans l'extracteur, l'essence est libérée du tissu végétal et est entraînée par la vapeur d'eau. Le mélange de vapeur est condensé sur une surface froide et l'huile essentielle se sépare par décantation (Bruneton, 1993).

En fonction de sa densité, il peut être recueilli à deux niveaux : au niveau supérieur du distillat, s'il est plus léger que l'eau, ce qui est fréquent ; au niveau inférieur, s'il est plus dense que l'eau. Les principales variantes de l'extraction par stripping à la vapeur sont l'hydrodistillation, la distillation à la vapeur saturée et l'hydrodiffusion. On appelle "eau aromatique" (à ne pas confondre avec l'eau aromatisée) ou "hydrosol" ou "eau distillée florale" le distillat aqueux qui reste après la distillation à la vapeur, une fois la séparation de l'huile essentielle effectuée.

2.5.2. *Hydrodistillation*

Le principe de l'hydrodistillation est celui de la distillation de mélanges binaires non miscibles. Il consiste à immerger la biomasse végétale dans un alambic rempli d'eau, que l'on porte ensuite à ébullition. La vapeur d'eau et l'essence libérée par la matière végétale forment un mélange non miscible. Les composants d'un tel mélange se comportent comme si chacun était seul à la température du mélange, c'est-à-dire que la pression partielle de la vapeur d'un composant est égale à la pression de vapeur de la substance pure. Cette méthode est simple dans son principe et ne nécessite pas d'équipement coûteux. Cependant, en raison de l'eau, de l'acidité, de la température du milieu, il peut se produire des réactions d'hydrolyse, de réarrangement, de racémisation, d'oxydation, d'isomérisation, etc. qui peuvent conduire de façon très importante à la dénaturation.

Le but de l'hydrodistillation est tout d'abord de libérer à l'état de vapeur la substance odorante incorporée dans le matériel végétal (Dumortier, 2006), ce qui se fait dans un alambic, puis de la ramener à l'état de liquide pour la récupérer, opération qui se fait dans un réfrigérant (Laffaire, 2008). L'alambic, dans lequel les fleurs sont placées dans l'eau bouillante, est surmonté d'un chapiteau qui est fermé, soit hermétiquement, soit par un joint hydraulique formé entre l'alambic et le chapiteau. Ce dernier est prolongé par un col de cygne, par lequel s'échappent les vapeurs, qui est prolongé par un serpentin qui plonge dans l'eau du réfrigérant. Les vapeurs entrant dans le serpentin froid se condensent pour produire un vide qui provoque un nouvel appel de vapeurs à l'alambic. L'extrémité du serpentin permet aux produits condensés (huile et hydrolat) de s'écouler dans le vase florentin. Rapidement, les gouttelettes du liquide se forment et remontent à la surface de l'eau, leur densité étant plus faible. Il ne vous reste plus qu'à recueillir l'huile à la surface, tandis que l'eau en dessous retourne dans l'alambic. La distillation durera entre 10 et 20 heures et parfois plus.

Les avantages de cette méthode sont la simplicité du dispositif et les faibles investissements (Laffaire, 2008). L'hydrodistillation évite l'extraction des composés non volatils (El Kalamouni, 2010). Les inconvénients sont la dégradation due à l'eau qui provoque l'hydrolyse des esters, principalement si l'eau n'est pas assez chaude avant l'immersion des fleurs (Laffaire, 2008).

2.5.3. *Distillation à la vapeur saturée*

La distillation à la vapeur saturée est la méthode la plus utilisée aujourd'hui dans l'industrie pour obtenir des huiles essentielles de plantes aromatiques ou médicinales. En général, elle s'effectue à la pression atmosphérique ou presque et à 100°C, point d'ébullition de l'eau. Son avantage est que les altérations de l'huile essentielle recueillie sont minimisées.

Cependant, cette méthode est proche de l'hydrodistillation avec la différence fondamentale que lorsque les distillations sont effectuées par entraînement de vapeur, une grille perforée est placée dans le fond de l'alambic (Guenther,

1952) et le matériel végétal est placé sur ces plaques perforées. Cela présente l'avantage de ne pas mettre en contact l'eau et les fleurs et donc d'éviter que les fleurs ne collent au fond de l'alambic, ne brûlent et ne donnent un goût désagréable au produit distillé. En outre, le parfum de l'huile essentielle obtenue est plus délicat et la distillation, plus uniforme, plus régulière et plus rapide, fait que les notes de tête sont plus riches en esters (moins hydrolysés). L'entraînement de la vapeur peut également se faire avec un générateur de vapeur séparé. Les avantages sont un meilleur contrôle de la température, une isolation thermique du système et une moindre dégradation de l'huile. Cependant, ce dispositif est plus complexe et plus coûteux (Dumortier, 2006).

2.5.4. *Hydrodiffusion*

Elle consiste à pulser la vapeur d'eau à travers la masse végétale, de haut en bas. Ainsi, le flux de vapeur traversant la biomasse végétale est descendant contrairement aux techniques de distillation classiques dans lesquelles le flux de vapeur est ascendant. L'avantage de cette technique se traduit par une amélioration qualitative et quantitative de l'huile récoltée, une économie de temps, de vapeur et d'énergie.

2.5.5. *Expression du froid*

L'extraction par expression à froid est souvent utilisée pour extraire les huiles essentielles des agrumes comme le citron, l'orange, la mandarine, etc. Son principe consiste à casser mécaniquement les poches d'essence. L'huile essentielle est séparée par décantation ou centrifugation. D'autres machines cassent les poches par dépression et recueillent directement l'huile essentielle, ce qui évite les dégradations liées à l'action de l'eau.

2.6.   Autres méthodes d'obtention d'extraits volatils

2.6.1.   *Extraction par solvant*

Cette méthode d'extraction est basée sur le fait que les essences aromatiques sont solubles dans la plupart des solvants organiques. L'extraction est réalisée dans des extracteurs de construction diverse, continue, semi-continue ou discontinue. Le procédé consiste à appauvrir le matériel végétal avec un solvant à bas point d'ébullition qui sera ensuite éliminé par distillation sous pression réduite. L'évaporation du solvant donne un mélange odorant de consistance pâteuse dont l'huile est extraite par l'alcool. L'extraction par solvant est très coûteuse en raison du coût de l'équipement et de la forte consommation de solvants. Un autre inconvénient de cette extraction par solvants est leur manque de sélectivité ; par conséquent, de nombreuses substances lipophiles (huiles fixes, phospholipides, caroténoïdes, cires, coumarines, etc.) peuvent se retrouver dans le mélange pâteux et nécessiter une purification ultérieure (Brian, 1995).

2.6.2.   *Extraction par les substances grasses*

La méthode d'extraction par les corps gras est utilisée en floraison dans le traitement des parties fragiles des plantes telles que les fleurs, très sensibles à l'action de la température. Elle tire parti de la liposolubilité des composants odorants des plantes dans les corps gras. Le principe est de mettre les fleurs en contact avec un corps gras pour le saturer d'essence végétale. Le produit obtenu est une pommade florale qui est ensuite épuisée par un solvant qui est éliminé sous pression réduite. Dans cette technique, on distingue l'enfleurage où la saturation se fait par diffusion à température ambiante des arômes vers le corps gras et la digestion qui s'effectue à chaud, par immersion des organes végétaux dans le corps gras (Brian, 1995).

2.6.3. Extraction par micro-ondes

Le procédé d'extraction par micro-ondes appelé "Hydrodistillation sous vide par micro-ondes (VMHD)" consiste à extraire l'huile essentielle en utilisant un rayonnement micro-ondes d'énergie constante et une séquence de mise sous vide. Seule l'eau contenue dans le matériel végétal traité entre dans le processus d'extraction des essences. Sous l'effet combiné du chauffage sélectif des micro-ondes et de la réduction séquentielle de la pression dans la chambre d'extraction, l'eau constituant le matériel végétal frais entre brusquement en ébullition. Le contenu des cellules est donc plus facilement transféré à l'extérieur du tissu biologique, et l'essence est alors mise en œuvre par condensation, refroidissement des vapeurs puis décantation des condensats. Cette technique présente les avantages suivants : rapidité, économie de temps, d'énergie et d'eau, extrait dépourvu de solvant résiduel (Mompon, 1994 ; Brian, 1995).

2.7. Dispositifs pour l'extraction d'essences

Le choix de l'appareil à utiliser pour l'une ou l'autre méthode d'extraction des huiles essentielles dépendra des quantités souhaitées. Dans un laboratoire, on se contentera d'un montage de distillation de type Clevenger. En industrie ou en artisanat, l'ensemble du dispositif utilisé pour l'extraction de l'huile essentielle est l'alambic :

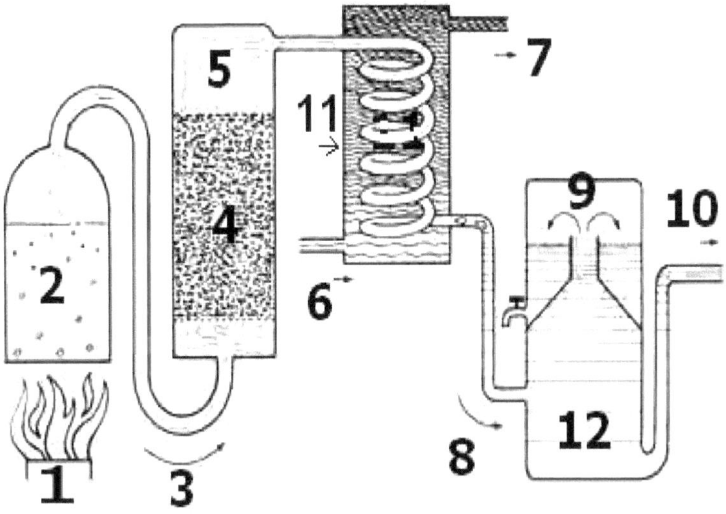

Figure 4 : Schéma d'un alambic utilisé pour l'extraction d'huiles essentielles

Composants d'un alambic :

1 : source de chauffage

2 : eau

3 : vapeur d'eau

4 : plantes aromatiques

5 : vapeur d'eau chargée d'HE

6 : eau froide

7 : eau chaude

8 : eau + HE

9 : huile essentielle (HE)

10 : hydrolat

11 : serpentine

12 : essencier

Les quatre éléments essentiels d'un alambic sont : une cuve (4) dans laquelle sont placées les plantes à distiller. Cette cuve peut être en cuivre, en verre ou en acier inoxydable et de taille variable. Les plantes sont séparées de l'eau dans la même cuve : ce sont des alambics à feu séparé. La cuve peut être chauffée de différentes manières : bain-marie, bois, chaudière séparée. La cuve est couverte par un chapiteau qui se prolonge par un col de cygne. Ce col de cygne est relié à un serpentin de refroidissement (11). Pour ce faire, il est plongé dans un réservoir d'eau froide. Le serpentin conduit à l'essencier (vase florentin), équipé de deux robinets. Celui du bas (10) recueille l'hydrolat ou eau florale et celui du haut recueille l'huile essentielle. L'essencier (12) est de préférence en acier inoxydable.

2.8.   Identification et analyses chromatographiques

L'analyse des HE, l'identification des constituants, la recherche d'une éventuelle falsification peuvent se faire à l'aide de techniques telles que la chromatographie en phase gazeuse sur phases stationnaires polaires, non polaires ou chirales, couplée à une détection par spectrométrie de masse ou IRTF (Fourier transform infrared). L'analyse isotopique, par exemple la mesure des rapports 13C / 12C, D / H10 ou 18O / 16O peut également aider à la recherche de fraude.

Cependant, en routine et selon les normes traditionnelles (Pharmacopée européenne, ISO, AFNOR), l'évaluation de la qualité des HE est réalisée par la mesure d'un certain nombre d'indices et de simples analyses chromatographiques :

(a)   Indices physiques :
  • la densité relative,
  • l'indice de réfraction,
  • l'angle de rotation optique,
  • point de solidification, résidu d'évaporation,
  • solubilité dans l'alcool ...

(b)   Indices chimiques :
  • numéro d'acide,
  • indice d'ester,
  • indice de peroxyde ...

(c)   Analyses chromatographiques :

  • chromotographie en couche mince,

  • chromatographie liquide à haute performance (HPLC)

  • chromatographie en phase gazeuse (Pharmacopée, ISO, AFNOR).

Cette dernière est la méthode de choix qui permet de réaliser le profil chromatographique de l'huile essentielle, et de préciser son chémotype.

A ces paramètres, il est également possible d'ajouter des caractéristiques organoleptiques telles que l'aspect, la couleur et l'odeur. On peut rappeler que les huiles essentielles sont généralement liquides à température ambiante, avec des odeurs aromatiques, rarement colorées lorsqu'elles sont fraîches. Leur densité est le plus souvent inférieure à celle de l'eau. Elles ont un indice de réfraction élevé et, le plus souvent, sont dotées d'un pouvoir rotatoire. Elles sont volatiles et entraînables par la vapeur d'eau, elles lui communiquent leur odeur. Ils sont solubles dans l'alcool, l'éther, les huiles fixes et la plupart des solvants organiques. (Guenter, 1975).

Les premières parties de l'essence entraînée contiennent les constituants les plus souhaitables de l'huile essentielle (finesse et richesse en ester), tandis que les fractions distillées par la suite sont constituées de sesquiterpènes moins riches en odeur. Il y a donc une diminution progressive de la qualité de l'huile essentielle au fur et à mesure de sa production. Tout l'art du distillateur va consister à séparer ces différentes qualités par fractionnement. Le but est d'isoler chacune des catégories d'huile essentielle d'ylang-ylang à savoir l'"Extra supérieure" (Es), l'"Extra" (E), la "Première" (I), la "Deuxième" (II) et la "Troisième" (III).

2.9.   Principes de détermination des indices de qualité

2.9.1. *Indice d'acidité*

Les essences sont des esters de glycérol, des triesters appelés triglycérides ou corps gras. Avec le temps, les triglycérides se détériorent en s'hydrolysant lentement en acides gras correspondants et en glycérol.

$$R-C{\overset{O}{\underset{O-R'}{\Big\langle}}} \ + \ H_2O \ \rightleftharpoons \ R-C{\overset{O}{\underset{O-H}{\Big\langle}}} \ + \ R'-OH$$

| Ester | Water | Acid | Alcohol |

Ou, dans le cas d'un triglycéride

$$\begin{aligned}
&R_1-COO-CH_2\\
&R_2-COO-CH \quad + \quad 3\ H_2O \ \rightleftharpoons \quad R_1COOH \qquad HO-CH_2\\
&R_3-COO-CH_2 \qquad\qquad\qquad\qquad R_2COOH \quad + \quad HO-CH\\
&\qquad\qquad\qquad\qquad\qquad\qquad\qquad R_3COOH \qquad HO-CH_2
\end{aligned}$$

| triester fat (triglyceride) | water | carboxylic acides | propan-1,2,3-triol (glycerol) |

Un indice d'acide faible indique une bonne conservation de l'huile essentielle. Dans le cas de l'ylang-ylang, cette valeur doit être inférieure à 2. En effet, lors de sa production, une huile, quelle que soit sa qualité, ne contient que très peu d'acide ; ce n'est que lors de son stockage qu'elle va gagner en acide, devenant progressivement inutilisable.

Cette méthode convient à toutes les huiles essentielles, à l'exception de celles qui sont riches en lactones. Ces dernières sont des esters internes qui proviennent de l'estérification des radicaux acide et alcool contenus dans la même molécule. Les lactones ont généralement une puissante odeur fruitée ou lactée, proche de la pêche et de la noix de coco, mais aussi de l'herbe fraîchement coupée et du beurre. Elles sont présentes, par exemple, dans les huiles essentielles de fève de Tonka sous forme de coumarine, les huiles essentielles de céleri sous forme de sédanolide, ainsi que dans les huiles essentielles de racines de costus sous forme de costuslactone. On les trouve encore dans les huiles essentielles de racines d'aunée sous forme d'allantolactone ou d'helénine, et dans les huiles essentielles de citron et de bergamote sous forme de citrapten et de bergapten. Heureusement, ces esters ne sont pas présents dans l'huile essentielle d'ylang-ylang.

L'indice d'acide indique la quantité d'acides gras libres dans une huile. Il est défini comme la masse d'hydroxyde de potassium, exprimée en mg, nécessaire au titrage de tous les acides libres contenus dans 1,0 g de cette huile. L'huile dégradée contient de plus en plus d'acides libres ce qui augmente son indice d'acidité. La mesure de cette acidité libre est un moyen de déterminer son altération.

2.9.2. Indice d'ester

L'indice d'esters est un indicateur qui se réfère directement à la qualité de l'essence étudiée. En effet, les huiles essentielles de très bonne qualité contiennent une très grande quantité d'esters (et proportionnellement, plus la qualité d'une huile est faible, moins elle contient d'esters). Le test du nombre d'acide est une méthode indirecte pour déterminer le niveau d'ester dans l'huile essentielle. Lors de l'hydrolyse d'un ester (dans l'eau), on observe l'apparition d'un acide. L'indice d'ester correspond à la masse de base nécessaire pour neutraliser les acides libérés lors de l'hydrolyse des esters, et pour déterminer cette masse de potasse consommée lors de la réaction, on va effectuer un rétro dosage (en dosant l'excès de potasse avec de l'acide chlorhydrique pour déterminer la quantité, et donc la masse de potasse utilisée pour neutraliser les acides).

L'hydrolyse d'un ester est la réaction inverse de l'estérification : l'eau réagit avec un ester pour former un alcool et un acide carboxylique. C'est cet acide formé qui est dosé avec du KOH.

2.9.3. *Indice de réfraction*

L'indice de réfraction (IR) est le rapport entre le sinus de l'angle d'incidence et le sinus de l'angle de réfraction d'un rayon lumineux de longueur d'onde déterminée passant de l'air dans l'huile essentielle maintenue à une température constante (Dumortier, 2006 ; Fauconnier, 2006). Les indices de réfraction sont mesurés à l'aide d'un réfractomètre à température ambiante puis ramenés à 20 °C par la formule suivante (Kabera et al, 2004) :

$$RI_{20} = RI_t + 0.00045 \times (t - 20)$$

Avec RI_{20} : indice de réfraction à 20°C

RI_t : indice de réfraction à température ambiante ou lors de la mesure ;

t : température ambiante ou de mesure.

2.10. Conditions de conservation et de stockage

La relative instabilité des molécules constitutives des HE implique des précautions particulières pour leur conservation. En effet, les possibilités de dégradation sont nombreuses, facilement objectivées par la mesure d'indices chimiques (indice de peroxyde, indice d'acide, etc.), par la détermination de grandeurs physiques (indice de réfraction, rotation optique, miscibilité avec l'eau, l'éthanol, densité...) et/ou par analyse chromatographique. Les conséquences sont multiples, par exemple, photo-isomérisation, photocyclisation, clivage oxydatif, peroxydation et décomposition en cétones et alcools, thermo-isomérisation, hydrolyse, transestérification. Ces dégradations pouvant modifier les propriétés et/ou compromettre l'innocuité de l'huile essentielle, elles doivent être évitées : utilisation de flacons propres et secs en aluminium peint, en acier inoxydable ou en verre teinté anti-actinique, presque entièrement remplis et scellés (l'espace libre étant rempli d'azote ou d'un autre gaz inerte), stockage à l'abri de la chaleur et de la lumière. Dans certains cas, un antioxydant approprié peut être ajouté à l'huile essentielle. Dans ce cas, cet additif doit être mentionné lors de la vente ou de l'utilisation de l'huile essentielle. Par ailleurs, de graves incompatibilités peuvent exister avec certains emballages plastiques. Il existe des normes spécifiques sur l'emballage, le conditionnement et le stockage des HE (norme AFNOR NF T 75-001, 1996) ainsi que sur le marquage des récipients contenant des HE (norme NF 75-002, 1996).

Chapitre 3 : Potentiels bioéconomiques de l'huile essentielle de Cananga odorata

3.1. Propriétés et utilisations de l'huile essentielle de Cananga odorata

3.2. Autres utilisations de l'arbre d'ylang ylang

3.3. Normes de qualité d'une huile essentielle d'ylang-ylang

3.4. Marché de l'huile essentielle d'ylang-ylang

3.5. Perspectives bioéconomiques de la culture de l'arbre Cananga odorata

" L'odeur du parfum d'ylang-ylang est unique, sans artifice, sans retenue, hypnotique, colorée, solaire et exotique. Elle vous transporte dans une nature luxuriante et enivrante qui vous fait rêver de vacances sous les tropiques. "

3.1. Propriétés et utilisations de l'huile essentielle de Cananga odorata

3.3.1. Utilisation dans les parfums y

L'une des principales matières premières des parfums de très haute qualité est l'huile d'ylang-ylang de qualité "extra supérieure" ou "extra". En effet, on la retrouve dans "L'Air du Temps" de Nina Ricci, dans "Wind Song" de Matchabelli ou dans "Chanel N ° 5". On la retrouve également dans "Opium" d'Yves Saint Laurent ; dans Joy de Patou, Samsora de Guerlin, Jean-Paul Gaultier classique, Faubourg Hermès, Ange ou Démon de Givenchy, Private Collection Amber Ylang d'Estée Lauder (Laffaire, 2008 ; Camille, 2010). En plus de son parfum, il présente l'avantage d'être plus soluble dans l'alcool que les qualités inférieures.

3.3.2. Utilisation en aromathérapie y

L'huile essentielle d'ylang-ylang aurait de multiples propriétés : elle serait un excellent réducteur d'hyperpnée et de tachycardie. Elle est également appréciée pour ses qualités d'antidépresseur, d'hypotenseur, de sédatif, d'antiseptique pour le tractus intestinal et son influence bénéfique sur les problèmes de circulation sanguine. (Laffaire, 2008). C'est un calmant respiratoire, bronchite asmatiforme, calmant cardiaque, antiarythmique, antispasmodique, palpitation extrasystolique, tonique, stimulant intellectuel et sexuel, asthénie sexuelle, impuissance, frigidité, aphrodisiaque, régénérateur cellulaire, tonique de la peau et des cheveux de tous types, eczéma, peau asphyxiée ou fatiguée, dermatite d'origine psychosomatique, prurit, prurigo, urticaire, pityriasis, gale, radiothérapie, antiseptique, virucide, action sur les parasites intestinaux, séborégulatrice, antidiabétique, contracture et crampes musculaires, cystite, urétrite, spasme gynécologique, analgésique (14). L'huile essentielle d'ylang ylang complète est particulièrement adaptée à l'aromathérapie (15). Elle possède de multiples propriétés médicinales, dont certaines doivent être mentionnées ici.

3.3.3. *Propriétés médicales*

(a) Indication

L'huile essentielle d'ylang-ylang complet est appréciée pour ses vertus (16) :

- **Antidépresseur :** C'est l'une des plus anciennes propriétés médicinales connues de l'ylang-ylang. Elle combat la dépression et détend le corps et l'esprit, ce qui chasse l'anxiété, la tristesse, etc. Il a également un effet stimulant sur l'humeur et induit des sentiments de joie et d'espoir. Il peut être un traitement efficace pour les personnes qui souffrent de dépression nerveuse et de dépression aiguë après un choc, un accident, etc.

- **Anti-séborrhéique :** La séborrhée ou eczéma séborrhéique est une maladie redoutable qui est causée par un mauvais fonctionnement des glandes sébacées entraînant une production irrégulière de sébum et par conséquent une infection des cellules épidermiques. L'eczéma est très laid car la peau, de couleur blanche ou jaune pâle, sèche ou grasse, commence à peler, surtout au niveau du cuir chevelu, des sourcils et partout où il y a des follicules pileux. L'huile essentielle d'Ylang-Ylang peut être bénéfique pour guérir cet état inflammatoire et réduire la desquamation de la peau en régulant la production de sébum et en traitant l'infection de la peau.

- **Antiseptique :** Toute plaie ouverte, abrasion ou brûlure peut développer une infection bactérienne. La crainte est redoublée lorsque la blessure est causée par un objet en fer car il y a un risque que cet objet soit infecté par les germes du tétanos. L'huile essentielle d'ylang-ylang peut aider à prévenir l'infection par le tétanos car elle inhibe la croissance microbienne et désinfecte les plaies. Cette propriété de l'huile essentielle d'ylang-ylang protège les plaies contre l'infection par des bactéries, des virus et des champignons. De cette façon, elle accélère également la guérison.

- **Aphrodisiaque :** l'huile essentielle d'ylang-ylang peut réellement activer la libido et procurer aux couples un moment de réconfort. Elle peut être très bénéfique aux personnes qui perdent tout intérêt pour le sexe en raison de l'énorme charge de travail, du stress professionnel, des soucis et des effets de la pollution. La perte de libido ou la frigidité est un problème de plus en plus alarmant dans la vie des métropolitains. C'est là que cette huile peut être d'un réel secours.

- **Hypotensive :** Cette huile est un très bon agent pour abaisser la tension artérielle. Dans un scénario où la tension artérielle est un problème alarmant chez les jeunes et les personnes âgées, alors que d'autres médicaments abaissant la tension artérielle ont des effets secondaires néfastes pour la santé, l'huile d'ylang-ylang peut être un refuge sûr. Elle est naturelle et n'a aucun effet secondaire négatif sur la santé si elle est prise dans les quantités prescrites.

- **Equilibre des nerfs :** L'huile essentielle d'ylang-ylang est un régénérateur de santé pour les nerfs. Elle renforce le système nerveux et restaure les dommages. En outre, elle réduit le stress et protège les nerfs. Elle peut également aider à guérir les troubles nerveux.

- **Sédative :** Cette huile calme les afflictions nerveuses, le stress, la colère et l'anxiété et induit un sentiment de relaxation.

- **Autres avantages :** Elle peut être utilisée pour soigner les infections des organes internes tels que l'estomac, les intestins, le côlon, les voies urinaires, etc. Elle est également indiquée pour les personnes souffrant d'insomnie, de fatigue, de frigidité et d'autres formes de stress. Elle est extrêmement efficace pour maintenir l'équilibre hydrique et lipidique de la peau et en prendre soin.

(b) Contre-indications

Une huile essentielle bénéfique en temps ordinaire peut se révéler, pendant la grossesse, toxique voire dangereuse pour l'enfant à naître. Les femmes enceintes doivent donc utiliser les huiles essentielles avec beaucoup de prudence et de précaution (17).

(c) Précautions à prendre

Ces informations sont fournies à titre informatif. Elles ne peuvent en aucun cas remplacer une consultation médicale ni engager notre responsabilité (18). Si nécessaire, veuillez consulter un spécialiste en aromathérapie.

3.2. Autres utilisations de l'arbre ylang-ylang

Les vertus de l'ylang ylang ne sont pas seulement l'apanage de l'huile essentielle extraite des fleurs. En fait, toutes les parties de l'arbre sont importantes comme le montre le tableau suivant :

Tableau 3 : Utilisation des parties de l'arbre ylang-ylang

Partie de la plante	Utilisez	Référence
Fruits	Consommé par les oiseaux, notamment les colombidés comme le Carpophage de Müller (Ducula mullerii), consommé par les chauves-souris frugivores, les rongeurs, les singes, les écureuils, etc.	Laffaire, 2008 (19)
Bois	Utilisé comme matériau de construction pour les canoës, les meules, les caisses, les	

	bateaux de pêche, les cordages. Utilisé comme bois de chauffage.	
Écorce	Utilisé pour traiter les maux d'estomac ou comme laxatif.	Laffaire, 2008 (20)
Feuilles	Utilisé pour extraire une huile essentielle aux propriétés aphrodisiaques et euphorisantes, et utilisé en aromathérapie pour traiter l'insomnie.	
Fleurs sèches	Utilisé à Java comme remède contre la malaria	Laffaire, 2008 (21)
Fleurs fraîches	Utilisé pour traiter l'asthme. Utilisé comme ornement et considéré comme un symbole de mariage aux Comores.	

3.3. Normes de qualité d'une huile essentielle d'ylang-ylang

La qualité impose un certain nombre de règles. Ces règles concernent principalement les caractéristiques physiques (densité, rotation optique, indice de réfraction, solubilité dans l'alcool, point de fusion), les propriétés organoleptiques (couleur, aspect, odeur), les propriétés chimiques (indice d'acide et indice d'ester), le profil chromatographique et la quantification relative des différents constituants (AFNOR, 2000a). Ainsi, une huile de très haute qualité aura une densité relative, un pouvoir rotatoire et un indice ester plus élevés qu'une huile de basse qualité, mais aura un indice de réfraction plus faible (Laffaire, 2008). L'indice d'acide doit toujours être inférieur à 2 (AFNOR, 2005).

3.4. Marché de l'huile essentielle d'ylang-ylang

Les essences d'ylang-ylang se présentent sous forme de liquide jaune plus ou moins foncé, selon la catégorie et le type d'alambic utilisé. Elles dégagent un parfum très riche, suave et puissant, de type " chaud-fleuri-boisé ", rappelant quelque peu le jasmin et le lys, à la fois floral et fruité, épicé, exotique, avec des notes légèrement camphrées, laissant un léger caractère de drogue caractéristique (Valade, 2010). Son odeur est différente de celle de la fleur fraîche. Il est conseillé de la conserver dans des flacons colorés pour éviter sa destruction par la lumière du soleil.

Le prix de vente au kilo dépend tout d'abord de la fraction de l'huile considérée. En effet, si l'huile a une densité inférieure à 0,925 (limite fixée par les normes AFNOR en dessous de laquelle l'huile est considérée comme de qualité III), le prix de cette huile est d'environ 16,24 EUR par kilo (à Mayotte). Si l'huile a une densité supérieure ou égale à 0,925, son prix dépendra du nombre de "degrés" de densité supérieure à 0,900. En août 2009, le prix par " degré " était de 1,5 EUR à Mayotte (Benini et al, 2010).

Ainsi, si l'huile a une densité de 0,965 et que le prix par "degré" est de 1,5 EUR, le prix par kilo est calculé comme suit : (965-900) x1,5 = 97,5 Eur/Kg (PAFR, 1998 ; Manner et Elevitch, 2006). Camille (2010) décrit une société BeHave qui, aux Comores, achète depuis 2010 à 50 centimes d'euro le kilo de fleurs collectées.

Chapitre 4 : Huile essentielle extraite des ylang-ylang cultivés dans la plaine d'Imbo à l'ouest du Burundi.

" Avec son indice ester exceptionnellement élevé, l'huile essentielle d'ylang-ylang du Burundi bat définitivement les records de qualité des deux niches actuellement existantes, à savoir la niche Comores-Mayotte et la niche Madagascar. "

4.1. Méthode d'échantillonnage et d'extraction

L'échantillonnage a été réalisé au bar restaurant SAFRAN sur la commune de ROHERO, et sur un arbre situé dans les Galeries ELITE, situées au 83 Chaussée Prince Louis RWAGASORE, commune de ROHERO (photo ci-dessus dans l'encadré). La commune de ROHERO est la plus importante en termes d'arbres et de jardins de toutes les communes qui composent la mairie de BUJUMBURA. La récolte a été effectuée dans la première quinzaine de février 2012 (respectivement le 31 janvier 2012 et le 7 février 2012).

L'extraction par la méthode d'hydrodistillation a été réalisée dans le laboratoire du CRUPHAMET selon le protocole défini dans le deuxième chapitre. La distillation devait se faire directement après la récolte des fleurs matures pour éviter les risques de fermentation.

4.2. Matériaux et produits chimiques

L'assemblage utilisé pour l'hydrodistillation est un assemblage de type Clevenger de la figure 6 :

- chauffe-ballon
- refroidisseur d'eau
- stand
- Erlenmeyer
- Ballon de 100ml
- valet d'ascenseur
- ampoule à décanter
- la balance analytique
- eau distillée
- fleurs d'ylang-ylang

4.3. Protocole de travail

1. Dans un flacon de 2000ml, ajoutez 100g de fleurs d'ylang-ylang et 1000ml d'eau distillée ;

2. Effectuez le montage suivant (schéma fonctionnel) ;

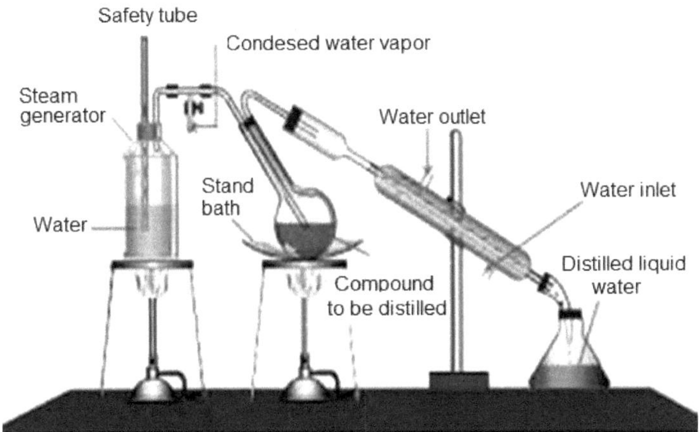

Figure 5 : Ensemble d'hydrodistillation de type Clevenger

3. Démarrez le réfrigérant en réglant le débit d'eau ;

4. Allumez l'appareil de chauffage ;

5. Les essences ES, E sont distillées dans les deux premières heures, la première est obtenue après deux à trois heures et la seconde est obtenue une ou deux heures plus tard ;

6. Après ces fractions, ajoutez de l'eau et laissez la distillation se poursuivre ; l'essence recueillie est la troisième fraction dite de queue. Le temps total d'extraction est de 20 à 24 heures ;

7. Transférer le distillat obtenu dans l'ampoule à décanter ;

8. Ajouter 100 ml d'eau salée au distillat (comme la solubilité de l'essence dans l'eau salée est faible, on ajoute de l'eau salée pour bien séparer l'essence et l'eau) ;

9. Agitez, en prenant soin de purger régulièrement l'ampoule pour dégazer, retirez le bouchon et attendez au moins cinq minutes ;

10. Séparer les deux phases par décantation ;

11. Faites sécher l'huile essentielle trouvée sur du sulfate de sodium pendant 24 heures ;

12. Procéder à la détermination du rendement.

Le rendement exprimé en pourcentage est le rapport entre la quantité d'huile recueillie après distillation et la quantité de biomasse (Kabera et al, 2004).

$$\rho = \frac{m_{EO}}{m_{DF}} \times 100$$

où ρ = rendement,

m_{EO} = masse de l'huile essentielle,

m_{DF} = masse de fleurs distillées

4.4. Détermination de la densité

La densité d'une huile est le rapport entre la masse d'un certain volume d'une huile à 20 °C et la masse d'un volume égal d'eau distillée à 20 °C (Dumortier, 2006). La densité doit être corrigée en tenant compte de la température selon la formule suivante (Fauconnier, 2006) :

$$d_{20} = d_{mes} + (t_{samp} - 20) \times 0.00073$$

Ave c d_{mes} : densité mesurée

$t_{éch}$ température de l'échantillon

4.5. Détermination de l'indice de réfraction

Lorsque la lumière change de vitesse lorsqu'elle passe d'un milieu à un autre, on parle de "réfraction". Ce principe peut être observé clairement à l'œil nu, par exemple en regardant un rameur sur la rivière, où une rame semble être courbée lorsqu'elle passe dans l'eau.

L'indice de réfraction est mesuré par un réfractomètre. Un réfractomètre est un instrument conçu pour mesurer une constante optique, qui est une caractéristique du matériau examiné. Cette constante optique est connue sous le nom d'"'indice de réfraction" et peut être utilisée pour donner des informations précieuses sur le matériau testé.

La définition fondamentale de l'indice de réfraction est basée sur la vitesse de la lumière. La lumière se déplace à une vitesse constante dans le vide (environ 300 000 km/seconde), mais cette vitesse est réduite lorsque la lumière traverse un autre milieu. Le rapport entre ces deux vitesses est l'indice de réfraction du milieu.

$$Refractive\ Index\ of\ a\ given\ susbstance = \frac{Speed\ of\ light\ in\ vaccum}{Speed\ of\ light\ in\ substance}$$

L'indice de réfraction a été déterminé dans le laboratoire de chimie physique de la faculté des sciences à l'aide du réfractomètre ABBE (modèle Bellingham-Stanley).

4.6. Détermination de l'indice d'acidité

L'indice d'acide est un très bon indice de conservation de l'huile essentielle, et correspond ici au rapport entre la masse d'hydroxyde de potassium nécessaire pour réagir avec tous les acides initialement présents dans l'huile et la masse de l'échantillon d'huile (notée ici m_A) utilisée pour l'expérience.

L'indice d'acide a été déterminé dans le laboratoire du CRUPHAMET en procédant comme indiqué dans le protocole suivant.

a) Équipement requis

En plus du matériel de laboratoire habituel, et en particulier d'une burette de 25 ml graduée en 0,1 ml avec son support et d'une pipette avec un repère de

5 ml, il est nécessaire de disposer d'un erlenmeyer de 250 ml à col large et fabriqué dans un verre résistant aux alcalins (borosilicate), et de quelques béchers supplémentaires de 100 ml.

Il faut également des béchers de 100 ml, une balance analytique au 0,001 g près, une burette de 25 ml graduée en 0,05 ml, un agitateur magnétique et une barre magnétique.

b)   Réactifs chimiques nécessaires

Une solution d'éthanol à 95% V/V, fraîchement neutralisée avec la solution de KOH en présence de phénolphtaléine ou de rouge de phénol lorsque l'huile essentielle contient des substances composées de groupes phénoliques. Le rôle de l'éthanol est de permettre un meilleur contact entre les réactifs. En effet, il "dissout" à la fois l'acide gras et la potasse.

Les autres réactifs chimiques nécessaires sont l'eau distillée, l'hydroxyde de potassium à 0,002 $mol.L^{-1}$, un indicateur coloré (bleu de bromotymol ou rouge de phénol) et, bien sûr, l'huile essentielle d'Ylang Ylang à analyser.

c)   Détermination et expression des résultats

Il faut d'abord neutraliser l'éthanol avec la solution d'hydroxyde de potassium. Pour cela, placez d'abord la solution d'éthanol ($C_2 H_6 O$) dans un bécher (le volume importe peu) et ajoutez quelques gouttes de BBT. Ensuite, dosez l'éthanol avec la potasse jusqu'à ce que la solution devienne verte (caractéristique qualitative du pH neutre).

Lors du dosage de l'acide par la potasse, l'éthanol (neutralisé par l'hydroxyde de potassium) jouera le rôle de solvant pour les acides gras contenus dans l'huile essentielle et l'hydroxyde de potassium contenu dans la phase aqueuse.

Pour cela, pesez 2g d'huile dans un bécher à l'aide de la balance analytique. A l'aide d'une éprouvette graduée de 10 mL, placer 5 mL d'éthanol neutralisé dans le bécher contenant l'huile, ajouter 3 gouttes d'indicateur coloré au mélange réactionnel. Dosez ensuite le mélange réactionnel avec de l'hydroxyde de potassium. Notez le volume à partir du changement de la solution titrée (normalement bleue) indiquant le changement de réactif et appliquez la formule :

m_A = masse en grammes d'huile essentielle ;

V = volume en millilitres d'hydroxyde de potassium ;

L'indice d'acide A_n est donné par la formule suivante :

$$A_n = \frac{5,61 \times V}{m_A}$$

Le résultat est donné à une décimale près.

4.7.   Détermination de l'indice d'ester

Le nombre d'esters a été déterminé au laboratoire du CRUPHAMET en procédant comme indiqué dans le protocole ci-dessous.

a)   Matériaux et produits

Burette de 25 ml graduée à 0,05 ml. Potasse et acide chlorhydrique à 0,5 mol/L ; échantillon utilisé pour la détermination de l'indice d'acide ; pierre ponce ; ensemble de saponification ; une pipette volumétrique de 25 ml ; un couple de béchers de 100 ml ; indicateur coloré (BBT).

b)   Procédure

- Prélever 25 ml de potasse dans un bécher à l'aide d'une pipette volumétrique et transférer ce volume dans une fiole de 150 ml ;

- Ajouter au ballon l'échantillon obtenu lors du numéro d'acide ainsi que quelques pierres ponces (pour homogénéiser l'ébullition lors du chauffage) ;

- Préparer le montage à reflux et le laisser chauffer pendant environ une heure. En même temps, préparer l'équipement pour la détermination de l'excès de potasse avec de l'acide chlorhydrique ;

- A la fin du chauffage, refroidir le ballon en remplaçant le chauffage du ballon par un cristallisoir rempli d'eau glacée afin de réduire la température du milieu réactionnel ;

- Une fois que la température du ballon a baissé, couper la circulation d'eau dans le refroidisseur à ballon. Retirer le ballon et le placer sur l'agitateur magnétique (en l'attachant à un pôle pour le stabiliser), ajouter un barreau aimanté et remuer le milieu réactionnel (afin d'homogénéiser la solution) ;

- Dosez la solution (initialement bleu vert) avec de l'acide chlorhydrique. Lorsque la solution devient jaune, noter le volume d'acide chlorhydrique consommé et appliquer la formule exprimant le résultat.

c)   Expression des résultats

$n_{(KOH\ consommé)} = n_{(KOH\ initial)} - n_{(KOH\ excès)}$

$n_{(KOH\ consumed)} = n_{(KOH\ initial)} - n_{(HCL\ consommé)}$

$$\frac{m_{KOH}}{M_{KOH}} = CV - C'V'$$

$$m_{KOH} = M_{KOH}(CV - C'V')$$

$$m_{KOH} = 56.11(CV - C\,'V')$$

De la potasse et de l'acide chlorhydrique, tous deux 0,5 mol/L, seront utilisés au cours de l'expérience :

$$m_{KOH} = 56.11 \times 0.5 \, (V - V') = 28.05(V - V')$$

Dans l'expression ci-dessus, 56,11 est la masse molaire du KOH potassique, tandis que V est le volume initial de KOH utilisé et V' le volume de HCl consommé.

4.8. Unicité de l'huile essentielle de Cananga odorata extraite de l'ylang-ylang de la plaine d'Imbo au Burundi

Les propriétés organoleptiques de l'huile essentielle obtenue par hydrostillation des fleurs d'ylang-ylang de la plaine IMBO sont présentées dans le tableau 4. Les résultats obtenus suggèrent une huile essentielle de très bonne qualité. Il s'agit d'une huile essentielle d'aspect liquide huileux opalescent, de couleur jaune avec un puissant parfum floral boisé et balsamique. Le tableau 4 présente les résultats des propriétés physico-chimiques, en comparaison avec les valeurs de référence.

Les propriétés organoleptiques de l'huile essentielle obtenue par hydrostillation des fleurs d'ylang-ylang de la Plaine de l'IMBO sont consignées dans le tableau 4. Les résultats obtenus suggèrent une huile essentielle de très bonne qualité. C'est une huile essentielle d'un aspect liquide huileux opalescent, de couleur jaune avec une puissante odeur florale boisée et balsamique. Le tableau 4 montre les résultats des propriétés physico-chimiques, en comparaison avec les valeurs de référence.

Tableau 4 : Propriétés de l'huile essentielle complète des fleurs d'un ylang-ylang de la plaine de l'IMBO au Burundi.

Propriétés physico-chimiques	Cette étude	Valeurs standard	Référence
Rendement (%)	1.050	[2 - 2.25]	C. Benini *et al*,
Densité (g/L)	0.940	[0.906 - 0.990]	AFNOR 2005
Indice de réfraction	1.502	[1.495 - 1.513]	AFNOR 2005
Indice d'ester	350.6	[80 - 180] Mayotte	D . Dumortier,
		[40 - 185] Madagascar	D . Dumortier,
		[45 - 200] Comores	D . Dumortier,
Indice d'acidité	0.420	< 2	AFNOR 2005

Il a été établi par plusieurs études d'extraction réalisées sur la même variété d'ylang-ylang que les fleurs fraîches contiennent 2 à 2,5% d'huile essentielle [22,23]. Notre étude a donné un rendement de seulement 1,0%. Nous nous attendions à un rendement aussi faible puisque nous n'avons pas travaillé dans des conditions expérimentales optimales. Ce faible rendement pourrait également s'expliquer par la situation géographique du site d'échantillonnage. En effet, il semblerait qu'au-delà de 600 mètres d'altitude, les rendements soient économiquement réduits [10]. Notre échantillonnage a été réalisé à Bujumbura Mairie, dans la plaine de l'IMBO, dont les limites géographiques se situent entre l'altitude de 774 m (niveau moyen du lac Tanganyika) et l'hysoeth de 1000 m.

Ce faible rendement peut s'expliquer par d'autres facteurs. En effet, le rendement d'extraction, tout comme la qualité d'une huile essentielle, sont influencés par la nature du sol sur lequel la plantation est effectuée, le matériau des appareils utilisés, la propreté du matériel, la pression de fonctionnement, la régularité du chauffage, du refroidissement du distillat et la régularité de son versement, la méthode et la durée de la distillation, etc. [4,20].

L'huile essentielle d'ylang-ylang est extraite et fractionnée de manière à obtenir cinq fractions possédant des propriétés organoleptiques (aspect, couleur, odeur), physico-chimiques (densité relative à 20°C, rotation optique à 20°C, indice de réfraction à 20°C, indice d'acide et indice d'ester) qui leur sont propres. C'est grâce à ces propriétés qu'il est possible de définir si une huile est de qualité adéquate [3,4,10,20,21].

Ainsi, une huile de bonne qualité générale sera liquide, de couleur jaune clair à jaune foncé et aura une odeur fleurie rappelant le jasmin [3]. D'après les propriétés physico-chimiques, plus l'huile est de qualité, plus sa densité et son nombre d'esters seront élevés. D'autre part, l'indice de réfraction et la rotation optique doivent être faibles. Quant à l'indice d'acide, il doit toujours être inférieur à 2 [3].

La densité trouvée est de 0,940. La norme AFNOR (2005) recommande une densité comprise entre 0,906 pour les huiles de faible qualité et 0,990 pour les huiles de très haute qualité. Les normes AFNOR fixent à 0,925 une densité en dessous de laquelle l'huile est considérée comme étant de qualité III. Avec une densité de 0,940, il y a lieu de penser que notre huile est au moins de qualité II. En réalité, la densité de l'huile essentielle d'ylang-ylang complète est de 0,936, ce qui implique que notre huile analysée répond aux normes d'une huile essentielle de très bonne qualité.

L'indice de réfraction (IR20) est de 1,502. C'est une valeur d'indice de réfraction faible qui est révélatrice de la bonne qualité d'une huile essentielle. En effet, la norme AFNOR, 2005 suggère pour l'huile essentielle, un indice de réfraction compris entre 1,495 et 1,513 (1,495 pour les huiles de haute qualité et 1,513 pour les huiles de moindre qualité). Pour l'huile essentielle d'ylang-ylang, l'IR20 le plus fréquemment observé est de 1,505 ±0,003.

L'indice d'acide (AI) doit être le plus bas possible. Notre huile essentielle a donné un AI de 0,421, également très faible (2 est le maximum à ne pas dépasser). En réalité, une huile essentielle fraîche contient très peu d'acides libres [24], ce qui signifie que son indice d'acide frais est généralement plus faible. Nous avons pris soin de stocker notre huile essentielle dans un récipient en verre teinté car il a été démontré que la lumière favorise l'altération de la structure de l'huile et la prolifération des acides.

Et enfin, la dernière propriété physico-chimique déterminée est l'indice ester. C'est la plus intéressante dans la mesure où plus l'indice ester est élevé, meilleure est la qualité d'une huile essentielle. L'huile essentielle qui fait l'objet de cette étude a révélé un indice ester (EI) de 350,6. A notre connaissance, ce chiffre est très élevé et même en dehors des normes connues jusqu'à présent, car aucune étude n'a jusqu'à présent donné un indice ester (EI) supérieur à 200. L'indice ester de l'huile essentielle d'ylang-ylang est compris dans l'intervalle [80-180] à Mayotte, dans l'intervalle [40-185] à Madagascar et dans l'intervalle [45-200] aux Comores[25]. Ces trois îles sont connues pour être dans des conditions privilégiées pour produire des huiles essentielles de très bonne qualité.

En effet, l'AFNOR reconnaît qu'il existe deux types d'huile de Cananga odorata form genuina : l'huile des Comores et de Mayotte d'une part et l'huile de Madagascar d'autre part. Ce sont deux niches de qualité différenciée qui ne sont pas comparables, mais aucune de ces niches ne présente un indice d'ester aussi élevé que celui que nous avons trouvé dans cette étude. Le Burundi serait-il alors une troisième niche d'ylang-ylang avec un nouveau chémotype pour concurrencer les deux niches déjà existantes, par la qualité exceptionnelle de l'huile IMBO ? Nous savons déjà que le génotype des arbres influence la qualité de leur huile, mais aucune étude scientifique, à l'heure actuelle, n'a été menée pour déterminer la cause réelle de cette qualité différenciée. C'est pourquoi, avant de conclure à l'existence d'un génotype d'huile essentielle de qualité "exceptionnelle" dans la plaine de l'IMBO, nous recommandons d'autres études indépendantes et plus approfondies pour confirmer ou infirmer cette affirmation.

CONCLUSION ET PERSPECTIVES

De par ses propriétés physico-chimiques, l'huile essentielle extraite par hydrodistillation des fleurs d'ylang-ylang du Burundi possède des propriétés organoleptiques déjà très appréciées en parfumerie et pourrait être très convoitée en aromathérapie. Cette étude préliminaire, qui s'est limitée à une caractérisation basée uniquement sur les propriétés physico-chimiques, ouvre des perspectives de recherche intéressantes sur cette plante qui pourrait devenir une autre filière de plante industrielle d'avenir au Burundi ou même dans tout autre pays d'Afrique de l'Est. Pour cela, il sera nécessaire de faire une étude beaucoup plus approfondie qui devra inclure les caractéristiques des sols de culture éventuelle, l'extraction avec des équipements conçus pour offrir une huile essentielle de qualité avec un rendement amélioré, et bien sûr la détermination de la composition chimique de l'huile essentielle par chromatographie en phase gazeuse et sur colonne, notamment pour identifier les différents esters et leur teneur.

D'autre part, il serait souhaitable que les biologistes et les agronomes se penchent sur les aspects d'amélioration de la plante elle-même. En effet, Benini et al, déplorent le fait que, malgré la grande importance économique de l'huile essentielle d'ylang-ylang, il est surprenant de constater qu'il n'existe aucun programme d'amélioration de la plante. Ainsi, la biologie de la reproduction, préalable indispensable à tout programme d'amélioration variétale, reste peu connue. Il est toujours difficile de savoir avec certitude quand a lieu la pollinisation, quel est l'agent pollinisateur, et s'il en existe un dans la zone de production, quel est le type de fertilisation, etc. En plus de ces lacunes, on constate que l'abscission des fleurs à chaque stade de leur développement y est importante et que cette plante produit très peu de fruits. Ceci représente également un obstacle pour l'amélioration variétale.

En parlant justement d'amélioration variétale, les chercheurs en agronomie et en bio-ingénierie, pourraient se pencher sur les capacités végétatives qui ne sont pas non plus connues. En effet, en dehors du taillis qui semble être largement pratiqué aux Comores, aucune étude n'a été réalisée sur les possibilités de bouturage, marcottage, multiplication in vitro, etc. Toutes ces informations sont pourtant indispensables pour une amélioration variétale de la plante et, par conséquent, de son huile essentielle.

Une meilleure connaissance de la plante, de sa gestion et de son huile essentielle semble aujourd'hui nécessaire afin d'aider à la pérennité de cette nouvelle filière, dont les revenus pourraient constituer une autre valeur ajoutée. En effet, on estime à environ 400 arbres par hectare de plantation, qui pourraient être plantés en quinconce sur 4m x 6m ou alignés sur 5m x 5m. Or, il s'avère qu'un arbre d'ylang-ylang produit environ 1 kg de fleurs par mois lorsqu'il est au sommet de sa production, c'est-à-dire lorsqu'il a entre 10 et 15 ans[4,10,21]. Cela donne une moyenne de 400 kg de fleurs par mois et par hectare de plantation, soit environ 6 kg d'huile essentielle calculée sur un rendement moyen de 1,5%. Au prix de 15 euros le kilo (c'est le coût minimum), cela représente un revenu mensuel moyen de 90 euros, soit 180.000 francs burundais, par hectare de plantation d'ylang-ylang.

De ce qui précède, il est évident que la culture de l'ylang-ylang a des perspectives encourageantes à l'horizon. Si d'une manière générale, les huiles essentielles naturelles sont continuellement concurrencées par l'utilisation de produits de synthèse dont l'odeur se rapproche de plus en plus, ce n'est cependant pas le cas de l'huile essentielle d'ylang-ylang dont la composition olfactive semble d'une complexité difficile à atteindre synthétiquement[10,26,27]. De plus, sa culture dans la Plaine de l'IMBO au Burundi, voire dans les pays de la région Afrique de l'Est, loin d'être concurrentielle avec d'autres plantes industrielles déjà existantes, pourrait plutôt faire l'utile à l'agréable en procurant des revenus substantiels aux différents intervenants dans sa chaîne de production, à commencer par les propriétaires d'ylang-ylang, les cueilleurs, les distillateurs, les exportateurs, les pharmacothérapeutes, etc.

RÉFÉRENCES BIBLIOGRAPHIQUES

[1] AFNOR (Association Française de Normalisation), 2000a. *Recueil de normes : les huiles essentielles. Échantillonnage et méthodes d'analyse.* Tome 1. Paris : AFNOR

[2] AFNOR (Association Française de Normalisation), 2000b. *Recueil de normes : les huiles essentielles. Monographies relatives aux huiles essentielles (H à Y).* Tome 2. Paris : AFNOR

[3] AFNOR (Association Française de Normalisation), 2005. *Norme française NF ISO 3063 : huile essentielle d'ylang-ylang [Cananga odorata (Lamarck) J.D. Hooker et Thomson forma genuina].* Paris : AFNOR

[4] ANTON, R. ET LOBSTEIN, A., 2005. *Plantes aromatiques. Épices, aromates, condiments et huiles essentielles.* Paris : Tec et Doc Lavoisier

[5] Association des Naturalistes de Mayotte, 2006. *Mayotte, les plantes à parfum. In : Univers Maoré* (hors-série n°1). Ile Maurice, France : Précigraph

[6] BEN MOHADJI, F., 2004. *Manuel de vulgarisation : techniques culturales. Cultures de rente et épices.* Grande Comores : Maison des épices des Comores

[7] BENAYAD, N., 2008. *Les huiles essentielles extraites des plantes médicinales marocaines : moyen efficace de lutte contre les ravageurs des denrées alimentaires stockées*

[8] BENINI, C., DANFLOUS, J.P, WATHELET, J.P, PATRICK du Jardin ET FAUCONNIER, M.L, 2010, *L'ylang-ylang [Cananga odorata (Lam.) Hook.f. & Thomson] : une plante à huile essentielle méconnue dans une filière en danger, Biotechnol. Agron. Soc. Environ,* Volume 14 (2010)

[9] BINET.P ET BRUNEL J.P, 1967. *Physiologie végétale*. Tome II, ed Doin Deren et Cie8 Place de l'odéon Paris

[10] BRULE CH. ET PECOUT W., 1995. *L'ylang-ylang : un parfum subtil*. Grasse, France : Arco-Charbot ; Paris : V.F. aromatique.

[11] CAMILLE, L., 2010. *Ylang-ylang BeHave des Comores : parfum et développement durable*.

[12] CONSEIL DE L'EUROPE, 2007. *Source naturelle d'arômes*. Vol. 2. Bruxelles : Editions du Conseil de l'Europe

[13] DUMORTIER, D., 2006. *Contribution à l'amélioration de la qualité de l'huile essentielle d'ylang-ylang (Cananga odorata (Lamarck) J.D. Hooker et Thomson, variété genuina) des Comores* - Mémoire de fin d'étude - Faculté Universitaire des Sciences Agronomiques de Gembloux (Belgique)

[14] EL KALAMOUNI, C., 2010. *Caractérisations chimiques et biologiques d'extrait de plantes aromatiques oubliées de Midi-Pyrénées* - Thèse doctorale, Université de Toulouse

[15] FAUCONNIER, M.L., *2006 Huile essentielle d'Ylang-ylang : sa fiche qualité et son suivi de distillation-* Exposé pour le GIE Maison des Epices des Comores

[16] FLORENCE, J., 2004. *Flore de Polynésie française*. Vol. 2, Paris : IRD éditions

[17] GUENTHER, E., 1952. *Les huiles essentielles*. Vol. 5, New York, USA : Van Nostrand Company Inc.

[18] HARERIMANA P.C, 2012. " Extraction et analyse de l'huile essentielle d'ylang-ylang complète ". Mémoire présenté en vue de l'obtention du diplôme de Licence en Pédagogie Appliquée, agrégé de l'enseignement secondaire en Chimie. Institut de Pédagogie Appliquée, Université du Burundi.

[19] HICK, A., 2010. *Etude du terroir Mahorais et de l'influence des paramètres environnementaux sur la qualité de l'huile essentielle d'ylang-ylang (canaga odorata(Lam.) Hook&Thoms.) à Mayotte -* Travail de fin d'étude,Master de Bioingénieur en Science et Technologie de l'Environnement- Université de Liège Gembloux, Belgique

[20] HONGRATANAWORAKIT, T., HEUBERGER, E., BUCHBAUER, G., 2004. *The Effect of Ylang-Ylang Oil on Humans : Evidence for Aromatherapy, 23rd Congrès de l'IFSCC*, Orlando, FL, USA.

[21] HURTEL, J.M., 2006. *Huile essentielle et médecine. Aromathérapie*

[22] ISABU, 1992. *Séminaire sur la biofertilisation des légumineuses fixatrices d'azote et la production de la culture du soja*, Bujumbura du 22 au 23 octobre1992.

[23] KABERA, J., KOUMAGLO, K.H, INGABIRE, M.G., KAMAGAJU, L., 2004. *Caractérisation des huiles essentielles d'Hyptis spiciela Lam, Plucea ovalis (Pers.) D.C et Laggera aurita (LF) Benth.EX.CB Clarke, plantes aromatiques tropicales.*

[24] LAFFAIRE, C., 2008. *L'ylang ylang des Comores* / Stagiaire FIDA - Union des Comores

[25] MANNER, H.I., ELEVITCH, C.R., 2006. *Cananga odorata* (ylang-ylang). *Profils d'espèces pour l'agroforesterie des îles du Pacifique.*

[26] MARTINI, M.C. ET SEILLER, M., 2006. *Actifs et Additifs en Cosmétologie.* 3ème édition. LAVOISIER

[27] PAFR (Projet d'Appui aux Filières de Rentes), 1998. *Perspectives d'avenir de l'ylang-ylang aux Comores selon les applications dans la parfumerie : rapport final.* Moroni, RFIC : PAFR

[28] PARIS, M. ET HURABIELLE, M., 1981. *Abrégé de matière médicale.* Masson Paris New York Barcelone Milan Mexique Rio de Janeiro

[29] SMADJA, J., 2009. *Les huiles essentielles-* Colloque GP3A-Tananarive. Laboratoire de Chimie des Substances Naturelles et des Sciences Des aliments (LCSNSA) Université de la Réunion.

[30] VALADE, I., 2010. *Rapport de Mission Court Terme CT17 Mission d'appui technique au Programme FLEX " Appui aux Cultures de Rente ".*

[31] *Renforcement des capacités des associations de producteurs. Appui technique et commercial à l'Association des Producteurs d'Ylang de Mayotte (APYM)*

[32] ZIEGLER H., 2007. *Arômes : production, composition, applications, réglementation.* Berlin, Allemagne : Wiley-VCH

[33] UCCIA (Union des Chambre de Commerce d'Industrie et d'Agriculture), 2005. Guide d'informations économiques. Paris : Bernadette Concept Étoile.

[34] PNUE (Programme des Nations unies pour l'environnement), 2002. Atlas des ressources côtières de l'Afrique orientale : République Fédérale Islamique des Comores. Nairobi : Programme des Nations Unies pour l'Environnement.

Liste des sites web visités

1. http://ylang-mayotte.over-blog.com/article-caracteristiques-physiques-et-organoleptiques-de-l-huile-d-ylang-ylang-69385293.html   (29-12-2011)

2. http://fr.wikipedia.org/wiki/Ylang-ylang. (12-1-2012)

3. http://www.comores-online.com/cvp/ylang.htm (20-12-2011)

4. www.gralon.net/articles/maison-et-jardin/jardin/article-I-ylang-ylang---une-etonnante-plante-en pot-4347.htm (07-02-2012).

5. http://fr.wikipedia.org/wiki/Fichier:Cananga_odorata_Blanco1.221.png (28-2-2012)

6. www.desplantesdebonnevolonte.org/comment.php ? (7-2-2012)

7. http://www.alsagarden.com/index-fiche-20406.html (8-2-2012)

8. http://ylang-mayote.over-blog.com/article-culture-690009667.html (8-2-2012)

9. http://ylang-mayote.over-blog.com/article-botanique-68998069.html (02-2-2012)

10. http://www.pentybio.com/huile/extraction-huile-essentielle.htm

11. (29- 12-2011)

12. http://www.aromabienetre.com/page12.htm (22-12-2011)

13. www.centre-arome.fr/huiles-essentielles-pures/39-he-ylang-complet.html (04-03-2012)

14. http://www.neroliane.com/product_info.php?products_id=36   (04-04-2012)

15. http://www.havre-des-sens.fr/image/FTylangylang.pdf (28-2-2012)

16. www.neroliane.com/product_info.php?product_id=36 (27-2-2012).

17. http://translate.google.fr/translate?hl=fr&langpair=en|fr&u=http://www.organicfacts.net/health-benefits/essential-oils/health-benefits-of-ylang-ylang-essential-oil.html (29-2-2012)

18. http://centre-aromatherapie.com/FRANCAIS/Huiles_essentielles/Huile-ylang/aromatherapie_ylang.html (29-2-2012)

19. www.neroliane.com/product_info.php?product_id=36 (27-2-2012).

20. www .joel-paul.com/?p=2861(07-02-2012)

21. http ://nature-jardin.free.fr/arbre/nmauric_cananga_odorata.html (28-2-2012)

22. http://www.info-massage.com/huile-essentielle-d-ylang-ylang.html
(28-2-2012)

23. http://www.google.fr (Extraction essence naturelle de lavande par
hydrodistillation) (22-12-2011)

24. http://www.web-sciences.com/tp2nde/tp5/tp5.php (21-7-2011)

25. http://vivascience.be/wordpress/wp-
content/uploads/2011/03/ylang.pdf (20-12-2011)

26. http://www.epices-comores.com/pdf_massala/massala_3.pdf   (17-2-
2011).

27. http://www.fidacomores.net/spip.php?article62 (20-12-2011)

28. http://bchcbd.naturalsciences.be/burundi/information/presentation.htm
(26-2-2012).

29. http://www.aroma-zone.com/aroma/ficheylangcomplete.asp   (19-12-
2011)

30. http://www.florame.co.jp/chromatography/pdf/chg_ylangylangcomple
te/YlangcompleteLOT9942.pdf (22-12-2011)

ACCUSÉ DE RÉCEPTION

L'auteur tient à remercier le Dr Léopold Havyarimana pour sa contribution à la rédaction du chapitre 2 intitulé **"Aperçu des essences et de l'extraction des huiles essentielles".**

L'auteur tient à exprimer sa gratitude aux Editions Universitaires Europpéennes pour lui avoir donné l'opportunité d'écrire et de publier ce livre dans leurs éditions. Il tient à remercier l'ensemble de l'équipe éditoriale pour ses conseils et son accompagnement du début à la fin de la publication de l'ouvrage.

INTÉRÊTS CONCURRENTS

L'auteur a déclaré qu'il n'existe pas d'intérêts concurrents[i] .

Avis de non-responsabilité

Ce livre est une version étendue d'un article soumis pour publication dans le East African Journal of Science, Technology and Innovation (2022). Le livre est également une traduction française du livre " Extraction de l'Huile Essentielle des Fleurs de Cananga Odorata : Vers la découverte d'un nouveau chémotype aux qualités concurrentielles ? " publié dans les mêmes éditions.

I want morebooks!

Buy your books fast and straightforward online - at one of world's fastest growing online book stores! Environmentally sound due to Print-on-Demand technologies.

Buy your books online at
www.morebooks.shop

Achetez vos livres en ligne, vite et bien, sur l'une des librairies en ligne les plus performantes au monde!
En protégeant nos ressources et notre environnement grâce à l'impression à la demande.

La librairie en ligne pour acheter plus vite
www.morebooks.shop

KS OmniScriptum Publishing
Brivibas gatve 197
LV-1039 Riga, Latvia
Telefax: +371 686 204 55

info@omniscriptum.com
www.omniscriptum.com

Printed by Books on Demand GmbH, Norderstedt / Germany